HANGTIAN MANYO

航天漫游

李龙臣　**主编**

广西科学技术出版社

图书在版编目（CIP）数据

航天漫游 / 李龙臣主编. —南宁：广西科学技术出版社，2012.8（2020.6重印）

（绘图新世纪少年工程师丛书）

ISBN 978-7-80619-806-3

Ⅰ．①航… Ⅱ．①李… Ⅲ．①航天—少年读物 Ⅳ．①V4-49

中国版本图书馆 CIP 数据核字（2012）第 192493 号

绘画新世纪少年工程师丛书

航天漫游

HANGTIAN MANYOU

李龙臣　主编

责任编辑	罗煜涛		**封面设计**	叁壹明道
责任校对	苏兰青		**责任印制**	韦文印

出 版 人　卢培钊

出版发行　广西科学技术出版社

　　　　　（南宁市东葛路 66 号　邮政编码 530023）

印　　刷　永清县晔盛亚胶印有限公司

　　　　　（永清县工业区大良村西部　邮政编码 065600）

开　　本　700mm×950mm　1/16

印　　张　15

字　　数　193 千字

版次印次　2020 年 6 月第 1 版第 5 次

书　　号　ISBN 978-7-80619-806-3

定　　价　29.80 元

序

在21世纪，科学技术的竞争、人才的竞争将成为世界各国竞争的焦点。为此，许多国家都把提高全民的科学文化素质作为自己的重要任务。我国党和政府一向重视科普事业，把向全民，特别是向青少年一代普及科学技术、文化知识，作为实施"科教兴国"战略的一个重要组成部分。

近几年来，我国的科普图书出版工作呈现一派生机，面向青少年，为培养跨世纪人才服务蔚然成风。这是十分喜人的景象。广西科学技术出版社适应形势的需要，迅速组织开展《绘图新世纪少年工程师丛书》的编写工作，其意义也是不言自明的。

青少年是21世纪的主人、祖国的未来，21世纪我国科学技术的宏伟大厦，要靠他们用智慧和双手去建设。通过科普读物，我们不仅要让他们懂得现代科学技术，还要让他们看到更加灿烂的明天；不仅要教给他们一些基础知识，还要培养他们的思维能力、动手能力和创造能力，帮助他们树立正确的科学观、人生观和世界观。《绘图新世纪少年工程师丛书》在通俗地讲科学道理、发展史和未来趋势的同时，还贴近青少年的生活讲了一些实践知识，这是一个很好的思路。相信这对启迪青少年的思维，开发他们的潜在能力会有帮助的。

如何把高新技术讲得使青少年能听得懂，对他们有启发，对他们今后的事业有作用，这是一门学问。我希望我们的科普作家、科普编辑和科普美术工作者都来做这个事情，并且通力合作，争取为青少年提供更多内容丰富、图文并茂的科普精品读物。

　　《绘图新世纪少年工程师丛书》的出版，在以生动的形式向青少年读者介绍高新技术知识方面做了一次有益的尝试。我祝这套书的出版获得成功。希望广西科学技术出版社多深入青少年读者，了解他们的意见和要求，争取把这套书出得更好；我也希望我们的青少年读者勤读书、多实践，培养科学兴趣和科学爱好，努力使自己成为21世纪的栋梁之才。

周光召

编者的话

　　《绘图新世纪少年工程师丛书》是广西科学技术出版社开发的一套面向广大少年读者的科普读物。我们中国科普作家协会工交专业委员会受托承担了这套书的组织编写工作。

　　近几年来，已陆续有不少面向青少年的科普读物问世，其中也有一些是精品。我们要编写的这套书怎样定位，具有什么样的特色，以及把重点放在哪里，都是摆在我们面前的重要问题。我们认为，出版社所提出的这个选题至少有三个重要特色。第一，它是面向青少年读者的，因此我们在书的编写中应尽量选取他们所感兴趣的内容，采用他们所易于接受的形式；第二，这套书是为培养新世纪人才服务的，这就要求有"新"的特色，有时代气息；第三，顾名思义，它应偏重于工程，不仅介绍基础知识，还对一些技术的原理和应用做粗略的描述，力求做到理论联系实际，起到启迪青少年读者智慧，培养创造能力和动手能力的作用。

　　要使这套书全面达到上述要求，无疑是一项十分艰巨的任务。为了做好这项工作，向青少年读者献上一份健康向上、有丰富知识的精神食粮，我们组织了一批活跃在工交科普战线上的、有丰富创作实践经验的老科普作家，请他们担任本套书各分册的主编。大家先后在一起研讨多次，从讨论本套书的特色、重点，到设定框架和修改定稿，都反复研究、共同切磋。在此基础上形成了共识，并得到出版社的认同。这套书按大学科分类，每个学科出一个分册，每个分册均由5个"篇"组成，即历史篇、名人篇、技术篇、实践篇和未来篇。"历史篇"与

"名人篇"介绍各个科技领域的发展历程、趣闻铁事，以及为该学科的发展作出杰出贡献的人物。在这些篇章里，我们可以看到某一个学科或某一项技术从无到有，从幼稚走向成熟的过程，以及蕴含在这个过程里的科学精神、科学思想和科学方法。这些对于青少年读者都将很有启发。"技术篇"是全书的重点，约占一半的篇幅。在这一篇里，通过许多各自独立又互有联系的篇目，一一介绍该学科所涵盖的一些主要的、有代表性的技术，使读者对此有一个简单的了解。"实践篇"是这套书中富有特色的篇章，它通过一些实例、实验或应用，引导我们的读者走近实践，并增加对高新技术的亲切感。读完这一篇之后，你或许会惊喜地发现，原来高新技术离我们并不遥远。"未来篇"则带有畅想、展望性质，力图通过科学预测，向未来世纪的主人——青少年读者们介绍科技的发展趋势，以达到开阔思路、启发科学想像力和振奋精神的作用。

在这套书中，插图占有相当大的篇幅。这些插图不是为了点缀，也不只是为了渲染科学技术的气氛，更重要的是，通过形象直观的图和青少年读者所喜闻乐见的表现形式去揭示科学技术的内涵，使之与文字互为补充，互相呼应，其中有些图甚至还起到比文字更易于表达意思的作用。应约为本套书设计插图的，大都是有一定知名度的美术设计家和美术编辑。我们对他们的真诚合作表示由衷的感谢。

尽管我们在编写这套书的过程中，不断切磋写作内容和写作技巧，力求使作品趋于完美，但是否成功，还有待读者来检验。我们希望在广大读者及教育界、科技界的朋友们的帮助下，今后再有机会进一步充实和完善这套书的内容，并不断更新其表现形式。愿这套书能陪伴青少年读者度过他们一生中最美好的时光，成为大家亲密的朋友。

这套书从组织编写到正式出版，其间虽几易其稿，几番审读，但仍难免有疏漏和不妥之处，恳请读者批评指正。我们愿与出版单位一起，把这块新开垦出来的绿地耕耘好，使它成为青少年读者流连忘返的乐土。

中国科普作家协会工交专业委员会

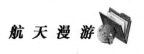
目 录

历 史 篇

　　本篇从远古的神话传说开始，介绍了人类从地面进入大气层空间及进入到大气层以外的宇宙空间的简要历程。

　　人类对鸟儿飞行的模仿，最终导致了航空事业的诞生；先驱者对太空不倦地探索，终于迎来了航天时代。

　　中华民族曾有过古代火箭的辉煌，面对时代的挑战，优秀的中华儿女正一步一个脚印，开创新的篇章。

　　以史为镜，可以明智。

升空登天的神话传说

在地面上仰望天空，繁星点点之中，日月具有独特的地位和魅力。古人向往宇宙，抱有登天的幻想，自然首先是飞天和奔月。

我国古书《山海经》中，记载了一个神话故事，叙说一个名叫夸父的人，在追赶太阳时，渴极了，把黄河和渭河的水喝光了还不够，又到别处找水喝，但在半路上就被渴死了。

传说夏代东夷族首领后羿的妻子，因多吃了王母娘娘赏给她的灵丹，飘然升空，飞到月球上的广寒宫，成为长生不老的仙女。

除了"逐日"和"奔月"的传说外，还有利用各种飞行工具飞向深空的神话故事。如《山海经》中记载说，商朝的开国君主曾坐风车乘风飞行；再如东晋王嘉撰写的《拾遗记》中，说到在尧舜时代，人们制造了巨大的飞船，可载人到星海中去航行，12

嫦娥奔月图（马王堆汉墓出土文物）

年往返一次。在春秋时代，有萧史、弄玉分别乘龙跨凤成仙飞去的故事。战国时代的伟大诗人屈原，还把这个故事写进他的诗里。

敦煌壁画中的飞天

此外，敦煌壁画中的飞天图、东汉武氏石室中的两翼和四翼飞人图、民间流传的哪吒的风火轮、孙悟空的筋斗云、仙人的腾云驾雾、佛像中能翔空的仙鹤和麒麟等等，都反映了人们对升空登天的愿望。

在国外也有古老的飞天故事。如传说希腊建筑师代达罗斯和他的儿子伊卡洛斯，在地中海中的克里特岛为国王米诺斯修建迷宫，因得罪了国王而被囚禁在一个小岛上。为了从小岛

乘风飞行

上逃跑，他们收集了鸟的羽毛，用蜡粘成两对翅膀，绑在他们的背上，飞上天空，逃离了小岛。但儿子伊卡洛斯好奇心太盛，不听父亲的劝告，要飞向太阳。结果，在飞近太阳时，太阳的高温使蜡熔化，粘结的羽毛脱落了，伊卡洛斯坠入大海而身亡。

在古希腊、埃及、印度和阿拉伯地区，也有许多利用器具升空飞天的神话传说，如古希腊神话中的墨丘利穿着带翅膀的鞋飞行；古叙利亚人幻想的月球士兵，穿着宽大的衬衫升空作战；古波斯可飞行的毯子；古条顿

伊卡洛斯坠海

能飞行的甲马；等等。

　　人们自古向往宇宙，并按照想像描绘宇宙。我国"牛郎织女"神话中的天河，欧洲文艺复兴时期绘制的《银河的起源》等，就是古代人民对宇宙的幻想图。

中国人在飞行领域中的创造

在《墨子》的《鲁问》篇中，记述了春秋时代的鲁班（公元前507—前444年），曾经用竹片和木头做成鹊鸟，能飞三天三夜不落地。

中国的雏燕——十全福寿风筝

在《庄子》的《逍遥游》一篇中，讲述了战国时郑国人列御寇乘风飞行的事。

鲁班

南北朝时张晔著的《后汉书》中，记载张衡（公元78—139年）曾制作木鸟，其身上有翅膀，腹中有机关，能飞好几里远。唐朝苏鹗著的《杜阳杂编》中，也有类似的记载，不过，制木鸟的人叫韩志和。

以上记载说明，我国从公元前400多年开始，就尝试用竹木器件借风飞行了。最早的借风飞行的器具应该是风筝。我国过去称风筝为纸鸢。在东汉王充著的《论衡》和西汉时的

《淮南子》中，都提到过墨子制作木鸢的事。

在东汉班固著的《前汉书》中，记载王莽时期（公元 9—23 年），曾下令征募有特殊技能的人，以抗御匈奴。其中一名勇敢的青年，用鸟羽制作了一副大翅膀，以绳子绑在双臂上，头上戴着鸟羽环，身上系着鸟羽带，从高处向下滑翔，飞行了几百步远。他设想用这种方法侦察匈奴的边境情况。

我们的祖先，在现代航空航天中应用的空气动力学原理、热空气气球、燃气涡轮、定向、稳定和降落伞原理等方面，有许多实践和发明创造。

在公元前 5000 年至公元前 3000 年仰韶文化时期的出土文物中，有陶制陀螺。明朝刘侗、于奕正合著的《帝京景物略》中，提到木制陀螺。这种旋转时直立不倒的玩具，就是现代的陀螺仪的核心。它安装在平衡环上，可以发现火箭飞行方向和速度的微小变化。汉武帝时的"被褥香炉"、唐朝的银炉、明朝和清朝乾隆时的铜炉，都有平衡环，使香炉不倒。

司马迁的《史记》中，记载在 4000 年前，舜手拿两个斗笠，从仓库的顶上跳下而安全着地，这就是降落

中国的瘦燕——万福流云风筝

走马灯

伞减速原理的最早应用。

公元前 300 年的《韩非子》中记载有勺形的原始指南针——司南，到北宋时改成鱼形的最早的指南针，南宋时发展为罗盘。这种定向装置后来传入阿拉伯和欧洲，在近代发展为航海罗盘和航空磁罗盘。

1600 多年前的东晋道家、炼丹家葛洪，在《抱朴子》一书中，指出鸢鸟展开翅膀不须扑动也能翱翔，是因为依靠上升的气流。实际上，这就是现代飞机飞行原理的本质。

孔明灯

1000 多年前出现的孔明灯，是热空气气球的早期应用；约 1000 年前出现的走马灯，是燃气涡轮工作原理的最早运用；还有民间流传久远的竹蜻蜓，它的旋转上升原理，就是飞机螺旋桨和直升机旋翼的雏形；等等。以上这些对事物原理的深刻认识和创造实践，充分显示了古代中国人的智慧。

中国古代火箭的辉煌

大约在 28000 年前，我国的古代先民发明了最原始的石镞弓箭；在公元前 1 世纪发明了硝石、雄黄混剂火药。最早的"火箭"出现在三国时期，一个叫郝昭的人，用火箭烧死了诸葛亮攻城的士兵。这当然是"火"和"箭"的机械结合，是以"箭"送"火"。

据《宋史》和其他野史记载，公元 970 年，有个叫冯继升的人，向宋太祖赵匡胤献火箭。这时的火箭，虽不完全是以"火"送"箭"、"火"和"箭"的有机结合，但已具有反作用力的因素，即火药燃烧喷射的反作用力，使手射的箭加速和飞得更远。

冯继升造火箭

最初的火药火箭

古代火箭被广泛地用作作战兵器，在 14 到 16 世纪时达到高峰。堪称我国古代兵器大全的《武备志》（茅元仪著），记载明朝抗倭名将戚继光（1528—1587）的方形车营图，每边 6 辆火箭车，每辆车载 530 支火箭，共装火箭 12720 支，可以齐射，非常壮观。

《武备志》中详细记载了几十种火箭，如火弩流星箭、飞刀箭、飞枪箭、飞剑箭、神机箭、大筒火箭、鞭箭、火药鞭箭、小竹筒箭、单飞神火箭、火龙箭、双飞火龙箭、二虎追羊箭、五虎出穴箭、七筒箭、九龙箭、四十九矢飞廉箭、百矢弧箭、百虎齐奔箭、群豹横奔箭、长蛇破敌箭、群鹰逐兔箭、一窝蜂、飞空击贼震天雷炮、神火飞鸦等等。一种叫"飞空砂筒"的火箭，在飞向敌阵点火或杀伤之后，由一枚逆向火箭推回原地，这是最早的反推火箭。有名的"火龙出水"，两侧的大火箭可将整个龙身抬出水面，燃完以后，点燃腹内的小火箭射向敌船，进行杀伤或点火，堪称多级火箭的雏形。"神火飞鸦"由 4 支大火箭送入空中后，可借风飞至敌营上空爆炸，可算飞船式火箭的雏形。

火龙出水

我们的祖先还想到用火箭做动力飞行。美国火箭学家赫伯特·基姆，在 1945 年出版的《火箭和喷气发动机》一书中记述说，大约在 14 世纪末，中国一个叫做"万户"的人，在一把座椅背后安装 47 支火箭，椅子两边各固定一只风筝，他坐在椅子上，令人点燃火箭……在前苏联、德国、英国等国火箭学者的一些著作中，也提到了这件事，国际天文联合会还将月球上一座环形

一窝蜂

神火飞鸦

山命名为"万户"，以表彰他第一个用火箭做动力飞行的功绩。

在古代的印度和阿拉伯国家，也使用过火箭。后来，火箭又传入欧洲。

万户飞天

世界早期的飞行活动

西方一部分人最初也直观地模仿鸟类飞行，用羽毛做翅膀，从塔顶往下跳。16 世纪后期，意大利人 G. 博雷利在研究了人类的肌肉后得出结论： 人类靠自己的体力作灵巧的飞行是绝对不可能的。

另一部分人则走在成功的道路上，如古希腊哲学家亚里士多德对空气进行研究，阿基米德发现了计算浮力的方法。到 13 世纪，伽利略、培根和帕斯卡等人，进一步发现冷空气下沉，热空气上升；高度越高，空气压力越小；空气是一种混合气体，有弹性等性质。到 15 世纪，著名画家达·芬奇科学地研究了飞行问题，指出是空气流过鸟的翅膀产生升力使鸟能飞行，速度越快，升力越大。不过，他的研

1783 年 9 月 19 日蒙哥尔费兄弟为热情观众表演热气球升空时的情景

究到 19 世纪后期才被发现，对飞行事业的发展没能起到促进作用。

1783 年，法国蒙哥尔费兄弟，利用热空气上升的原理制成了热气球，9 月 19 日载着羊、公鸡和鸭各一只，升空飞行了 8 分钟。同年 10

月15日，F. 罗齐埃乘热气球上升到26米高处，飞行了4.5分钟。这是人类首次离开地面在空中飞行。11月21日，罗齐埃又与M. 达尔朗德乘热气球，在1000米高度飞行25分钟，航程12千米。

蒙哥尔费兄弟的热气球，引起法国物理学家查理的注意，而且，他认识到，对提供升力来说，氢气比热空气更有效。于是他制造了氢气球，并于1783年12月1日，与一名同伴乘氢气球升空飞行了两个多小时，飘飞了50千米。

气球随风飘飞，不能控制方向，

1783年11月21日法国人罗齐埃和达尔朗德乘热气球首次升空时的情景

因而有人想到，应该给气球安装动力，这样就可以控制飞行方向了。这种有动力、可以操纵的气球，就是飞艇。最早的飞艇是法国人H. 吉法尔在1852年制成的，用蒸汽机作动力，带动三叶螺旋桨，并有方向舵。这一年9月24日，吉法尔驾驶飞艇，由巴黎飞到特拉普斯，航程28千米，时速达10千米。

最有名的飞艇，要数德国人F. 齐伯林在1900年制成的硬式飞艇，长128米，容积达11300立方米。1909年，齐伯林创设了德国航空运输有限公司，用他的飞艇，在法兰克福——巴登——杜塞尔多夫的193千米航线上，定期载人航

法国人吉法尔在1852年制成的第一艘部分可操纵的飞艇

行。在第一次世界大战中和前后阶段，齐伯林飞艇队还从事海上巡逻、远程轰炸和空中运输等军事任务。1936 年 3 月，又开辟了从欧洲到南美和美国的商业飞艇航线。后来，由于 1937 年 5 月 6 日"兴登堡"飞艇突发大火而坠毁，使 36 人遇难，从而结束了飞艇的商业飞行。

齐伯林

齐伯林设计的 L2127 大型飞艇

航空事业的诞生

气球和飞艇都是轻于空气的飞行器，而且没有翅膀，不是理想的征服天空的工具。一些人在寻找另一种重于空气的飞行器。1809 年，英国人 Q. 凯利首先论述了重于空气的飞行器原理。他指出："全部问题是如何应用足以抵抗空气阻力的动力，来使翼面支持一定的重量。"这就是说，要使重于空气的飞行器成功飞行，必须解决升力、动力和稳定操纵问题。由于当时还没有合适的动力装置，凯利只好制造有升力和可稳定操纵

Q. 凯利

的、在空中滑翔的无动力飞行器，这就是滑翔机。凯利的滑翔机采用固定机翼产生升力，用不同的翼面来控制和推进。1849 年，他制造的滑翔机将一个 10 岁的小孩带到几米高的空中。4 年后的 1853 年，凯利用新制造的滑翔机，载着他的马

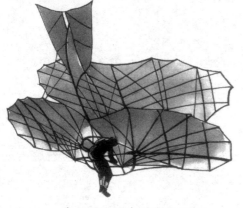

李林达尔正在滑翔飞行

车夫飞行了几百米。

另一些人试图用当时已有的蒸汽机作飞机的动力，如英国的 W. 亨森、俄国的 A. 莫扎伊斯基、法国的 C. 阿代尔和美国的 H. 马克西姆等，由于蒸汽机和燃料很重，他们的飞机没有成功。

德国人 O. 李林达尔和他的弟弟古斯塔夫，走一条稳扎稳打的道路。他们先制造滑翔机，待技术成熟后，再安装发动机，实现动力飞行。兄弟俩在 1893—1896 年间，制造了 18 架滑翔机，进行了约 2000 次滑翔飞行。不幸，O. 李林达尔在 1896 年的一次滑翔事故中遇难。

美国人 O. 查纽特沿着李林达尔同样的道路顺利前进。他将搜集到的许多研究者的成果，编写成《飞行机械的进展》一书，于 1894 年出版。1896 年，他改进李林达尔的双翼滑翔机，成功地进行了几百次飞行，飞行距离达几百米。接着，他打算制造动力飞机。

美国的 W. 莱特和 O. 莱特兄弟二人，在读了查纽特的书以后，开始与他

W. 莱特

O. 莱特

通信，后来聘请他为顾问，共同研究滑翔机。莱特兄弟还设计制造了风洞，以测定机翼的气动力，并在此基础上，制造了新的滑翔机，在 1902 年 9 月—10 月，进行了近千次的成功的飞行，继而决定制造动力飞机。他们采用燃烧汽油的水冷四缸活塞发动机作动力，驱动高效率的螺旋桨，制造了"飞行者 1 号"飞机，机身为布、木材和钢管结构。

1903年12月17日，兄弟俩驾驶着它飞行了4次，第4次飞行距离达260米，留空时间59秒。正确的道路一旦确定，航空时代就从此诞生了。

莱特兄弟研制的"飞行者"号飞机

早期的航天探索

气球、飞艇和飞机都只能在大气层中飞行。地球大气层以外的宇宙空间（太空），没有空气。如何在宇宙空间航行呢？许多人都在思考着，这首先反映在科学幻想小说中。17世纪的天文学家 J. 开普勒，是最早的太空科幻小说家，他的《梦游》描写了飞向月球的情景。

凡尔纳

法国人 S. 德贝尔热拉克在《月球旅行》中，设想了太阳能喷射器和火箭等许多推进方法。到19世纪60年代，英国的 H. 威尔斯、法国的 A. 艾罗、美国的 E. 黑尔、德国的 K. 拉塞维茨，特别是法国的儒勒·凡尔纳等人，在他们的科幻小说中，提到的许多设想，都有合理的成分。如1865年出版的

《从地球到月球》一书的插图

《从地球到月球》中，提出用大炮将载人的炮弹发送到月球；《到金星去旅行》中，提出用反作用原理在太空飞行；1870年出版的《砖砌的月球》，提出发射人造地球卫星的设想；1879年出版的《蓓根的五亿法郎》，提出用大炮发射载有人造卫星的火箭等等。

但科幻终究是科幻，太空飞行需要脚踏实地前进。开普勒发现的行星运动三定律，奠定了天文学的基石；伽利略用望远镜观测星空，使人类对太空的认识带得到飞跃，他的自由落体定律和惯性原理，为经典力学的发展作出了贡献；C. 惠更斯的向心力定律，阐明了物体作圆周运动的条件；特别是牛顿的万有引力定律和三大运动定律，是人类克服地球引力，进入太空的理论基石。

伽利略和他的助手正在进行观察

在这些基石上，造就了许多航天事业的先驱。1881年，俄国被判死刑的革命党人 H. 契尔巴钦科，在监狱中设计了一种载人的火箭平台。可惜，他的这个设计在十月革命后才被发现。1903年，K. 齐奥尔科夫斯基在《用火箭推进器探索宇宙》一书中，科学地指出了可以用多级火箭作为进入宇宙空间的工具。他对宇宙航行进行了大量的理论研究，周密地提出维持生命的密闭

开普勒

生态系统等许多问题，被公认为宇宙航行的理论奠基人。一些先驱者，除了进行理论研究外，还从事火箭制造等实践。如美国的罗·戈达德，在1919年12月发表《达到极大高度的方法》，论述了火箭运动的基本数学公式，并于1926年3月，发射成功第一枚液体火箭；赫·奥伯特

牛顿

在 1923 年出版的《飞往星际空间的火箭》，成为宇宙航行的经典著作。他还与伐利尔、温克勒、内贝尔、里德尔和恩格尔等同事一起，从事早期的火箭研制。

其他研究火箭的先驱，还有 E. 章德尔、A. 劳、V. 卡门和 U. 桑格尔等人。

航天时代的诞生

到了 20 世纪二三十年代，火箭和航天爱好者不断增多，首先在德国，然后是苏联、美国和英国，自发地成立了火箭和宇宙航行研究组织。1932 年 11 月，德国"太空旅行协会"的年轻火箭专家冯·布劳恩，受德国陆军雇用，在 W. 多恩伯格领导下，负责研制液体火箭。到 40 年代初期，已先后研制出飞航式、地对地、地对空、空对空和反坦克

"V—2"火箭起飞

等一系列军用火箭（导弹），其中最有名，并在实战中使用过的，是带翅膀、像飞机一样的飞航式导弹"V—1"，以及地对地弹道式导弹"V—2"。从第二次世界大战末期的 1944 年 6 月，到 1945 年 4 月，德国向英国和比利时共发射导弹"V—1"和"V—2"1 万多枚，造成巨大的生命财产损失。

"V—2"弹道火箭，虽然被首先

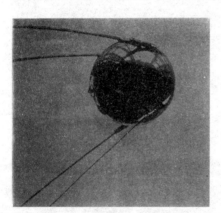

苏联第一颗人造地球卫星

用作杀人武器，但是它却是现代火箭的鼻祖。

战后布劳恩到了美国，参与美国军用火箭（导弹）的研制，美国人自己也利用从德国获得的大量"V－2"火箭实物和资料，进行试验发射，加速本国导弹武器的发展。

前苏联也利用"V－2"的资料、部件和研制人员，在仿制的基础上，加紧研制自己的导弹武器。1947年10月仿制"V－2"成功，到1957年8月又成功地试验了洲际

尤里·加加林和"东方"号运载火箭

地对地弹道导弹。导弹武器和航天运载火箭，仅仅只有运送的物件（统称有效载荷）不同，运送作战武器（普通炸药炸弹或核炸弹）的叫导弹，运送航天器的叫火箭，有时都称为运载火箭。因此，只要将洲际导弹装载炸弹的头部稍加改变，让它装载人造地球卫星，就成为航天运载火箭了。在成功发射洲际导弹1个多月后的1957年10月4日，前苏联发射了世界上第一颗人造地球卫星，拉开了航天时代的序幕。

接着，在1961年4月12日，前苏联又用大推力运载火箭，将"东方号"飞船送入绕地球飞行的宇宙空间轨道，尤里·加加林破天荒地克服地球引力的束缚，进入宇宙空

美国"土星5号"火箭

间遨游。航天时代正式诞生了。

美国人急起直追，启用布劳恩，研制了巨大的"土星5号"火箭，从1969年7月到1972年12月，先后6次用"阿波罗"飞船，将12人送上月球，使航天时代锦上添花。

中国航天事业的兴起

中国有古代火箭的辉煌，但在现代火箭和航天事业上，与其他科技事业一样，是远远地落后了。直到新中国成立以后，才在火箭和航天事业上奋发图强，在经济十分困难，工业基础非常薄弱的情况下，经过二三十年的自力更生、艰苦

飞向南太平洋的我国运载火箭起飞

创业和迎头追赶，使世人再次瞩目中国的火箭和航天事业，也使国人引以自豪。

在新中国成立后的第 7 年，即 1956 年，就将喷气推进和火箭技术，列为国家的重点项目。1956 年 10 月 8 日，成立了国防部第五研究院，从事火箭导弹研究。1958 年 5 月，毛泽东提议把发射人造地球卫星列入科学发展规划。在 1960 年以前，前苏联曾提供过援助。在中苏关系破裂，前苏联撤走专家，断绝一切援助后，中国的科技人员凭自己的坚强信念，自力更生地发展自己的航天事业。虽然困难重重，但在周恩来、聂荣臻等人的筹划和领导下，终于走出了一条中国航天事业的发展道路。

1960 年 11 月 5 日，成功地发射了仿制的近程地地导弹。1964 年 5

月成功发射中近程地地导
弹。1966年10月27日，又
用这种导弹运载原子弹，进
行核爆炸试验并取得成功。
到1967年5月26日，中程地
地导弹又发射成功。这时，
离能发射人造地球卫星的火
箭，只有一步之遥了。

　　能发射人造地球卫星的
中远程运载火箭（导弹）果
然在1970年1月30日长射
程飞行试验成功。1970年4
月24日，这种火箭将中国的第一颗人
造地球卫星送入轨道，《东方红》乐曲
响彻全球，中国继苏、美、法、日之
后，成为第5个用自己的火箭发射卫星
的国家。1975年11月26日，又成功发
射了第一颗返回式卫星。

我国的第一颗人造地球卫星——"东方
红一号"

　　1980年5月18日中国向南太平洋
成功发射洲际导弹的消息，震惊了全世
界。接着又于1982年10月12日，首
次从水下潜艇成功发射固体潜地导弹，
使中国成为世界上第5个拥有导弹核潜
艇的国家。

　　1981年9月20日，中国首次用一
枚火箭发射三颗卫星。1984年4月8

"长征三号"火箭在发射台上

日，成功发射地球同步轨道试验通信卫星。1988年9月7日，发射成
功"风云一号"气象卫星。1990年4月7日，发射成功第一颗国外商

业通信卫星。到 1998 年底为止，中国共发射成功科学和技术试验卫星、返回式遥感卫星、通信卫星和气象卫星 55 颗，用中国火箭发射成功国外商用卫星 13 颗。

目前，中国已拥有能发射各类卫星的"长征"系列火箭："长征二号丁"、"长征二号丙"、"长征四号甲"、"长征二号 E"、"长征三号甲"、"长征三号乙"等等，能承揽国内外各种卫星的发射业务。

"长征二号 E"火箭起飞

名 人 篇

　　本篇着重介绍了宇宙航行理论和火箭事业开拓者齐奥尔科夫斯基、戈达德、奥伯特、布劳恩、科罗廖夫和中国航天群英。这里没有全面地一一介绍他们的生平，而仅采撷他们献身理想的心路，追索他们孜孜奋进的足迹，揭示他们的性格精神，以从中寻觅造就辉煌的启示。

宇宙航行理论的奠基人——
齐奥尔科夫斯基

康斯坦丁·爱多尔多·齐奥尔科夫斯基是著名的航天科学家，研究火箭和宇宙空间的先驱，1857 年出生于俄国。他后来能成为宇宙航行理论的奠基人，有他很深的个人根基。他从小就善于深入思考问题。一次，他在物理学中学到，每一个作用力都会有一个大小相等，方向相反的反作用力存在。他学习这个作用力与反作用力定律，并没有停留在这个定律本身，而是浮想联翩。如，他想到地球绕着太阳转，地球运行的离心惯

齐奥尔科夫斯基

性（离心加速度）与太阳对地球的引力大小相等、方向相反，所以地球始终在一定轨道上绕太阳运行。然后，他又进一步大胆设想，如果地球发生大爆炸，炸成了碎片，碎片将会怎么样？经过思考，他认定碎片的引力中心仍然会继续保存在地球绕太阳运行的轨道上。这样，他就首先抓住了"引力中心不变定律"。这个定律同作用力与反作用力定律一样，是解决宇宙航行问题的一个基础理论问题。

一次，齐奥尔科夫斯基在看完一本叫做《作为星际航行工具的火箭

原理》的小册子后，发现书中有许多概念是错误的，于是他就对火箭原理进行了系统的研究。

齐奥尔科夫斯基诞生地卡卢加

他认为，作为火箭的工作环境——行星际空间，那里肯定是绝对真空状态，因为地球大气层不可能延伸得很远很远。由此他得出结论，只有火箭才是实现宇宙航行最理想的交通工具，因为在真空中，利用反作用原理工作的火箭推进系统仍然是有效的。经过详细的计算，他还发现，当时的固体燃料火箭的推力太小了，要实现宇宙航行，必须研究推力大得多的液体燃料火箭，而且是多级火箭接力，才能把宇宙飞船送进太空。他指出，燃料烧完后的火箭质量越大，火箭的性能越好，发动机喷管排出气体的速度越快，火箭的速度就越大。由此，他提出了宇宙航行中最重要最基本的公式 $V = \omega L_n M_o / M_k$。

同时他指出，要到其他星球上去旅行，必须经过真空区域。这样，

在前苏联国家宇航史博物馆中陈列的按齐奥尔科夫斯基设计思想制造的火箭模型

在载人宇宙飞船中必须携带空气，因此，宇宙飞船中必须有密封座舱。他还进一步指出，装在密封座舱中的空气必须不断净化，才能为乘员提供新鲜氧气。

齐奥尔科夫斯基不放过任何一个微小细节，彻底研究问题的良好习惯，使他能在《用火箭推进器探索宇宙》、《飞向宇宙空间的火箭》、《宇宙火箭列车》和《宇宙飞船》等书中，演示用火箭作宇宙航行的动力，研究火箭在大

1967 年卡卢加建立的齐奥尔科夫斯基国家航天博物馆

气层中飞行所受到的阻力，确定火箭的效率，推论不同质量的物体在失重条件下的运动规律，提出多级火箭的设想，提出用自旋产生人造重力，用动植物组成生物循环链的密封生态系统，悬在空间的轮胎形太空住宅，以及宇宙飞船返回时可利用大气刹车等理论和设想。

齐奥尔科夫斯基克服自幼耳聋和家贫等巨大困难，顶着社会歧视和排斥等巨大压力，取得了宇宙航行理论奠基人称号的巨大成就，是令人肃然起敬的。

1919 年，齐奥尔科夫斯基入选前苏联社会主义科学院，后被授予终身年金，以表彰他的功绩。

美国火箭之父——罗·戈达德

罗伯特·戈达德，美国马萨诸塞州人，诞生于 1882 年 10 月 5 日，那是一个科学发明不断涌现，工业蓬勃发展的时代。他父亲是一位注重实践和具有创造才能的人，家里安装了时髦的白炽灯，还买了一架神奇的留声机。充满好奇心的幼年戈达德，对这两件东西着了迷。他被电学强烈吸引，产生出无限的幻想。他认为，如果不是电力的吸引，他势必会升到空中。有一次，他拆开蓄电池，取出锌电极，把它连在自己的双脚上，

罗·戈达德

试图在身上贮存电能。还有一次，他带领两个小朋友，试图挖一条隧道，通向中国。当然，他没有成功。可是，他不怕失败。他认为，开创事业，往往是那些不怕失败的人，大胆设想，总有可能取得成功。这种思想一直在他身上延续，到青年时期，变成强烈的求知欲。他大量地吸收各种知识。1896 年兰利的滑翔飞行、1901 年马可尼发明无线电报，这些科学技术成就，进一步激发了戈达德的想像力。广博的知识更为他丰富的想像力插上了翅膀。

1904 年在戈达德上大学的时候，语文老师出了一道《1950 年的旅行》的作文题。戈达德在文章中描写一条从波士顿到纽约的高速火车

道，它是一条长达 320 千米的钢制真空管道，用磁悬浮推动的列车在其中高速运行，每小时可达 1930 千米，从波士顿到纽约大约只需要 10 分钟，而当时的火车需要花 8 个小时。40 多年后，戈达德的这个大胆设想引起科学家的认真研究。研究表明，如果在纽约和旧金山之间建一条磁悬浮隧道系统，列车的速度可达每小时 8050 千米。为了彰扬科学思想，1950 年，把有关这一概念的一项专利权追授给了戈达德。

戈达德和他的助手将试验的火箭安装到试验塔上

戈达德通过试验证明，固体的黑色火药能量和效率太低，不能作为宇宙航行的动力。他又试验了自己研制的和从市场上买到的其他无烟火药火箭燃料，一般的效率只能达到 40%，最高也不超过 60%。1913 年 2 月，他通过精确计算得出，如果使用效率为 50% 的硝化纤维作火箭燃料，要使 1 千克的物质达到逃逸速度，飞离地球，需要 202 千克硝化纤维燃料。1915—1916 年，他又试验了各种无烟火药火箭，一般只能达到 40% 的效率，无法达到极高的高度而进入外层宇宙空间。因此，他坚定了自己早在 1909 年 2 月提出的看法，只有用液体燃料才能提供宇宙航行所需要的能量，液氢、液氧就是这样的液体燃料。

戈达德手持环行真空管

但是当时的工业技术还不能制造作为火箭燃料的液氢。可不能等到有了液氢才研究火箭呀，于是，戈达德在研究火箭的同时，也像齐奥尔科夫斯基和奥伯特一样，自己研究理想的火箭燃料。这导致他在1926年3月16日，成功发射世界上第一枚液体火箭，用的燃料是液氧和煤油。

戈达德和他的第一枚液体火箭

以"戈达德"命名的美国一个航天中心，竖立着一块纪念碑，碑上刻着戈达德的一句名言："很难说有什么办不到的事情，因为昨天的梦想，可以是今天的希望，而且还可以成为明天的现实。"这是戈达德心路的写照。

德国航天之父——赫·奥伯特

赫尔曼·奥伯特 1894 年出生在奥地利，其出生地后来划归罗马尼亚。1940 年他加入德国籍，曾参与"V－2"导弹研究。他从小对交通工具特别感兴趣，渴望着利用它们旅行得更快、更远、更好。为此，他制定了设计奇异的火车、飞机和宇宙飞船的计划，也因而如饥似渴地阅读这方面的书籍和小说。11 岁那年，母亲将儒勒·凡尔纳的著名小说《从地球到月球》和《月球旅行》作为礼物送给他。他一连读了五六遍，几乎

赫·奥伯特

把全部内容都印在了脑海里。虽然他对书中的故事怀有极大的兴趣，但对登月的方法并不盲从。12 岁时，他认识到，不能像凡尔纳设想的那样，让旅行者坐在用炮弹做成的座舱里，用巨大的大炮发送上月球，因为即使在技术上能够制成这种大炮，但在发射时，炮弹飞行的巨大加速度，也会使炮弹里的旅行者被压得粉身碎骨。他倒是对凡尔纳设想的用来改变宇宙飞船方向和减低飞船着陆速度的火箭感兴趣。这使他逐渐认识到反作用推进是唯一一种实现太空飞行的方式，巨大的火箭将在未来用于宇宙航行。

1923 年，奥伯特成为数学教授，但他把全部业余时间用在宇宙航

行的研究上。为此，他广泛收集资料，结交朋友，寻觅志同道合者。当他在报纸上看到美国的戈达德教授研究火箭的报道后，就热情地给戈达德写信说："我已经多年从事如何用火箭飞出地球的问题的研究。当我正要发表我的实验和计算结果时，从报纸上得知，我在这方面的探索不是孤立的，而您，亲爱的先生，在这方面已做了很重要的工作。虽然我作

1930 年奥伯特（火箭模型右侧第三人）和他的同事们在研究有关火箭技术问题

了不少努力，仍未能得到您在这方面的著作。因此，可否请您赐寄几册。"

　　1922 年，他把自己的研究成果整理成文，作为申请博士学位的论文寄给了海德堡大学。但是，他的研究成果没有得到承认。他很想再写一篇论文，以获得博士学位。但他又一想，没有博士学位这个头衔也没

奥伯特在工作

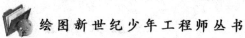

关系，事实将证明我能够成为比某些人更伟大的科学家。

奥伯特在他的自传中这样说过："一般认为，骆驼能够在它们渴了的时候发现新的水源。也许某种可以类比的东西在我身上发生了"。确实是这样，奥伯特不仅在儿童时代就断定，反作用推进的火箭，提供了唯一实现太空飞行的方式，巨大的火箭一定会用于未来的宇宙飞船，而且，在他的著作中，还提出了空间火箭点火的理论公式，用数学阐明了火箭如何获得脱离地球引力的速度，预见到电推进火箭和离子火箭的发展。在实践方面，他不仅研制了固体火箭，而且还研制了液体火箭；不仅研究了火箭，还研究了火箭推进剂；在武器方面，他是研制防空火箭的第一个人；参与过研制多种火箭。

奥伯特在火箭理论研究和实践中的成就，使他被公认为现代航天学的奠基人之一，被誉为德国的火箭之父。

航天时代的开拓者——谢·科罗廖夫

二次世界大战结束后，著名前苏联火箭专家谢·科罗廖夫与被俘的德国火箭专家一起工作，利用"V－2"导弹的资料，开展火箭研究。1946年8月，他被任命为前苏联第一枚弹道式火箭的总设计师，他不辞劳苦地组织科研生产，协调各部门之间的关系，甚至亲自调配人力、原材料、仪器设备、厂房、住宅和能源，亲自到渺无人烟的荒原勘察和建设火箭发射场。1947年10月18日，他领导仿制的前苏联

谢·科罗廖夫

第一枚近程弹道导弹首次试飞成功；1948年10月10日，自行设计的近程导弹试飞成功；接着在第二年，中程导弹试验成功；1949年5月，第一枚地球物理火箭发射成功；1950年10月，改进型的近程火箭发射成功；1951年8月、10月，两次用地球物理火箭将小狗送入高空；1953年4月，远程弹道导弹和战术弹道导弹发射成功。

1953年，科罗廖夫提出利用多级火箭发射人造地球卫星的设想。在他主持下，1957年5月研制成功单级地球物理火箭，把2200千克的载荷送到2.2千米的高空。1957年8月3日成功发射了世界上第一枚洲际导弹。随后，科罗廖夫大胆地采用捆绑火箭的办法，于10月4日将

世界上第一颗人造地球卫星送入轨道；11月
3日，第二颗卫星又把一只小狗送上了天；
1958年5月卫星式飞船发射成功。

科罗廖夫此时身兼航天局副局长、主任
设计师和发射总指挥三个职务，他开始实施
新的宇宙研究计划。头两年，即1958、1959
两年中，发射了三个月球探测器，其中的
"月球号"号发回了月球背面的照片。到
1959年底，他又开始研制探测火星和金星的
探测器，并为发射这些探测器研制了二级、
三级和四级运载火箭。同时，他还不断改进

科罗廖夫在发射现场

洲际导弹，使射程达到12000～14000千米。1961年4月，第二代洲际
导弹发射成功；1962年研制成功固体远程和洲际弹道导弹。

在这期间，科罗廖夫还实施载人飞船的
研制计划。在5次不载人飞行成功以后，于
1961年4月12日，"东方号"飞船载着世界
上第一名航天员尤里·加加林进入太空遨
游，开创了载人飞行的航天新时代。接着于
8月6日成功地让航天员赫尔曼·季托夫在
太空遨游了一昼夜。然后是1962年8月初
的两艘载人飞船的太空编队飞行，1963年6

科罗廖夫与航天员亲切交谈

月第一个女航天员捷列什科娃进入太空，
1964年10月的"上升1号"三人飞行，1965年3月18日航天员列昂诺
夫乘坐"上升2号"实现了人类的第一次太空行走等，科罗廖夫出色的
工作为前苏联创造了许多航天"第一"。

由于历尽坎坷和呕心沥血地工作，科罗廖夫身患心脏病和肾功能衰
退，但他拒绝医生要他长期疗养的安排，而拼命地工作。在他生命的最
后日子里，领导研制了"联盟"号载人飞船和"礼炮"号航天站，解决

了两个航天器在轨道上对接的技术问题。

科罗廖夫过早地在 1966 年 1 月与世长辞，享年 59 岁。他为实现人类梦寐以求的宇宙航行的理想贡献了毕生的精力。

科罗廖夫在指挥岗位上

现代航天的功臣——冯·布劳恩

冯·布劳恩从小就有自己独到的见解和一步一个脚印的钻研精神，而他与宇宙结下不解之缘，是在幼年时期奠定基础的。小时候，母亲送给他一台望远镜，从此在他心灵里种下了探索宇宙的种子。1925年，13岁的布劳恩得到了奥伯特的著名著作《飞向行星际空间的火箭》，他很喜欢这本书，但由于他把精力放在了课外科目上，对学校教授的课程，尤其是数学没有学好，因此常常不能很

冯·布劳恩

好地理解书中的问题，感到十分苦恼。从此他下定决心，刻苦钻研数学。很快，不仅数学，而且他的整个学习成绩在班上名列前茅，成为了一名高才生。

1932年，负责固体燃料火箭研究的德国陆军少将沃尔特·多恩伯格发现布劳恩具有非凡的创造才能，也认识到液体燃料火箭具有不

布劳恩与家人在一起

可忽视的军事潜力，于是便把布劳恩调到自己手下从事液体燃料火箭研究。1934 年，他在博士学位论文中，论述了 136 千克和 272 千克推力液体火箭的理论、研究和试验等问题。同年 12 月，布劳恩领着三名机工，成功地发射了两枚 A－2 火箭，火箭垂直升高 2.4 千米。

从 1937 年到 1945 年，在布劳恩领导下，先后研制出 A－5、A－4、A－9/A－10 等地地导弹，"瀑布"和"莱茵女儿"等地空导弹，X－4 和 HS－298 等空空导弹，HS－293 等空地导弹，V－1 等飞航式导弹。

A－4 导弹即著名的 V－2 火箭（导弹），它与 V－1 等火箭一起，是希特勒德国在第二次世界大战中使用的新式武器。从 1944 年 6 月到 1945 年 3 月，德军向英国伦敦和比利时的安特卫普港发射 V－1 和 V－2 导弹共 12000 多枚，造成巨大的人员伤亡和财产损失。现在运载火箭和导弹已在许多国家得到发展，但它们在结构原理上仍然与 V－2 导弹雷同。

第二次世界大战末期，布劳恩和德国的主要火箭专家向美军投降，并来到美国。从此，布劳恩在美国的火箭和航天事业中发挥着举足轻重的作用。他先后研制出"红石"、"丘辟特"、"潘兴"等近程导弹，"雷神"、"宇宙神"、"大力神"等中程和中远程导弹。

布劳恩对载人航天很感兴趣，早在 1947 年 1 月，就用 V－2 火箭将果蝇送入高空进行实验，并成功地回收。1948 年 6 月，他完成了《火星计划》一书，论述了到火星旅行的分阶段运输的设想。1952 年他还提出了"轮状旋转航天站"和三级火箭飞船等设想。

1957 年 10 月 4 日，前苏

布劳恩（右二）和他的老师奥伯特（右三）等人在一起

联发射第一颗人造地球卫星以后，美国原定发射卫星的火箭还未过关，是布劳恩领导研制的"丘辟特"导弹应了急，于1958年2月1日成功发射美国的第一颗人造地球卫星。

1961年4月12日，前苏联首先把加加林送入太空后，还是布劳恩领导研制的"土星5号"火箭，保证了美国"阿波罗登月计划"的成功，1969年7月20日，实现了把人送上月球的夙愿。

中国航天的精英

中国航天事业的迅速崛起，令世界瞩目。其中，一批献身祖国航天事业的精英功不可没。

钱学森 20世纪30年代留学美国，学有所成。40年代作为美国著名力学专家冯·卡门的同事，在火箭、导弹研究方面有很深的造诣。1955年10月8日，在中国政府的严正交涉和周恩来总理的亲自过问下，冲破重重阻挠，回到新中国。1956年2月，为中国火箭和导弹技术的发展，提出了极为重要的实施方案。后长期担任火箭导弹和航天器研制的技术领导职务，并以他在总体、动力、制导、气动力、结构、材

毛泽东主席接见钱学森博士

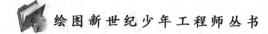

料、计算机、质量控制等领域的丰富知识，为中国航天事业的迅速发展，作出了重大的贡献。

任新民 早年留学美国，新中国成立前夕，毅然回国。主持制订了液体火箭发动机的研制规划，以及实现规划的技术途径；领导研制了中、远程火箭的大型液体发动机，与有关人员一起，解决了火箭发动机不稳定燃烧等技术关键。他还参与我国第一颗人造地球卫星发射和试验通信卫星工程的指挥领导工作。

屠守锷 早年留学美国。回国后从事航空教育。1957年以后从事火箭、导弹总体研究设计，组织和领导了中国近程导弹的仿制和改进工作，主持和领导了运载火箭的研制和飞行试验，积累了较丰富的技术管理经验，对中国火箭、导弹和航天事业的创建和发展，作出了重要贡献。

梁守槃 早年留学美国。回国后曾大胆地设计过飞机发动机。1956年以后从事火箭、导弹的研制工作，担任过弹道导弹、海防导弹等多种型号导弹的总设计师，解决了许多关键性技术问题。他领导研制的超低空超音速反舰导弹，在1984年国庆阅兵式上通过天安门时，引起外宾的震惊。

庄逢甘 早年留学美国。回国后从事教学和研究工作。1956年以后，从事火箭、导弹、再入飞行器空气动力学方面的研究试验工作，主持中国许多重要风洞的建设，研究烧蚀理论，并应用系统工程原理组织再入飞行器空气动力学和气动热力学的研究试验工作。

黄纬禄 早年留学英国。1958年以后主持火箭和导弹制导与控制系统的研究和设计工作，在制导和控制理论研究方面很有成就，后期担任型号总设计师，组织和领导过多次大型试验。

杨南生 早年留学英国。1958年后从事探空火箭和固体火箭发动机的研制工作。

蔡金涛 长期主持中国火箭和导弹制导系统及无线电技术的研究试制工作。

（从左起：梁守槃、任新民、钱学森、屠守锷、黄纬禄）

姚桐斌　早年留学英国。1957年由德国回国后，从事导弹和航天器材料工艺技术的领导和研究工作，获得许多有突破性的研究成果。

此外，陈芳允、孙家栋等许多专家，都为中国航天事业作出过重要贡献。

航天员群英谱

　　万里挑一的早期航天员，从事危险性很大的开创性事业，有着优秀的个人品质，受到普遍的尊崇和爱戴，被誉为"时代的宠儿""上帝的骄子"。

　　第一个进入太空的前苏联航天员尤里·加加林，被描述为"英俊、聪明、可爱、有魅力、有教养，

人类进入太空的第一名使者尤里·加加林正待命启航

是运动员、飞行员、勇士，勤奋、挚着……"而最可贵的是他献身航天事业的精神。他自认为患有一种不可遏止的渴望飞向太空的"病症"，这使他能够经受高达 80℃ 的耐热考验，能够义无反顾地只身飞向陌生的、什么事都可能发生的太空。

　　美国最先作亚轨道飞行的艾伦·谢泼德，在飞行前 10 天，亲眼看到火箭发射时爆炸的惨状，但他仍泰然自若地坐在火箭顶端的飞船中，甘愿付出生命，让别人对火药桶一样的火箭进行发射试验，使人感慨"他是什么材料制成的"。

　　世界上第一名女航天员，前苏联的瓦·捷列什科娃，在太空时"没

有想自己的家，也没有想能不能返回地球，脑子里只装着未来24小时内担负的使命和责任"。

美国第一名轨道飞行航天员约翰·格伦，有着娴熟的航空飞行技术，但他说："一个人过去的经验只是一个基础，能不能成功，要看在这个基础上的苦练和创造。只有鸟才飞到别人的桂冠上沾沾自喜，我要靠继续奋斗铺平上天的道路。"1998年，在他77岁时乘航天飞机再入太空飞行，成为年龄最大的航天员。

第一名女航天员瓦·捷列什科娃

第一个在太空行走的航天员，前苏联的阿·列昂诺夫，不仅航天技术精湛，而且多才多艺，是一个小有名气的画家。他善于从生活中发现美，并把它表现出来。他常说："没有画面，生活就没有意义。"

在地面演练时，因纯氧座舱起火，被烧死的"阿波罗4A号"飞船的3名航天员之一的维·格里索姆说过："要是我们死亡，我们要大家把它当作寻常事。我们做的是一种冒险的事业……征服太空是值得冒生命危险的。"

怀特进行美国人的第一次太空行走

前苏联航天员费·沙塔诺夫，3

"阿波罗11号"上的登月英雄

次飞行，创造了 6 个世界第一，即：第一次太空对接，两艘飞船第一次交换航天员，第一次去时一人、返回时三人飞行，第一次 3 艘飞船编队飞行，飞船第一次与空间站对接，他带进太空的郁金香第一次在地面开花。

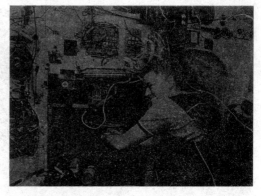

美国女宇航员露西德在"和平"号上工作

美国航天员尼尔·阿姆斯特朗、埃德温·奥尔德林和迈克尔·科林斯，被认为是最好的搭档。科林斯不争功，甘愿驾驶"阿波罗11号"飞船绕月飞行，而让阿姆斯特朗和奥尔德林成为第一批登上月球的人。

美国航天员乔·恩格尔甘愿放弃成为"月球第 12 人"的机会，而让一名地质学家取代自己。

此外，创造飞行时间纪录的前苏联/俄罗斯航天员柳明、列别杰夫、别列佐沃伊、基齐姆、罗曼年科、马纳罗夫、季托夫、波利亚科夫，美国航天员约翰·扬、香农·露西德等，以及美籍华人航天员王赣俊、死里逃生的"阿波罗13号"飞船3名航天员、"挑战者"号航天飞机爆炸时牺牲了的 7 名航天员等等，每个人的事迹都足以谱成一曲英雄的赞歌。

技 术 篇

　　本篇对航天工程技术作了较全面的介绍。它带你巡行于火箭、航天飞机、空天飞机、人造地球卫星、空间探测器、载人飞船、航天站的神奇王国；向你展示火箭、卫星的构造和工作原理，展示航天器的广泛用途、航天活动的丰富内容，以及航天活动对人类的巨大意义；为向往太空的你，提供一个系统了解航天技术的知识园地。

第四活动领域和航天、航宇

　　人们把地球大气层以外的广阔宇宙，称为人类的第四活动领域，它是最后，也是最大的活动领域。

　　地球上的生命是在海洋中发展起来的，后来繁衍到陆地。但地球人类是在陆地上进化和发展起来

飞机在大气层内航行

的，所以地球陆地是人类的第一活动领域。后来人类活动扩展到海洋，地球海洋是人类的第二活动领域；再后来又扩展到大气层空间，地球大气层空间是人类的第三活动领域。地球大气层没有明显的上限，它可以延伸到一二千千米以外，但习惯上把100千米的稠密大气以外的空间，称作外层空间，即宇宙空间或太空。在稠密大气层内的航行活动，叫航空，使用的是飞机、直升机和飞艇、气球等航空器。航空器靠空气的浮力或空气运动作用在机翼上的升

航天飞机冲出大气层，飞向太空

力支持自身的重量，靠发动机产生的拉力或推力，驱动前进。冲出地球的稠密大气层，到广阔的宇宙空间去活动，叫宇宙航行，简称宇航。宇航目前是靠威力巨大的火箭，克服地球强大引力的束缚，把宇宙飞行器送入特定的飞行轨道，然后作惯性飞行，或者再用其他动力加速。

由于宇宙的辽阔，在太阳系内飞行和飞出太阳系，不可同日而语，在科学技术的要求上，也有质的不同。因此，我国著名科学家钱学森认为，宇宙航行应该划分为两个阶段。第一阶段为航天，就是在地球大气层以外，太阳系范围以内的活动，这个阶段使用的人造卫星、探测器和载人飞船等，统称为航天

银河系

器；第二阶段为航宇，就是冲出太阳系，进入银河系，甚至河外星系的活动。但也有人把宇宙航行总称为航天。

航天的活动范围是整个太阳系。太阳系除太阳、九大行星和它们的几十颗卫星外，还有主要分布在火星和木星轨道之间的几十万颗小行星，及距太阳非常遥远的数以亿计的彗星。少数彗星周期性地飞近太阳。地球与她的卫星月球的平均距离为384400千米，以现在的火箭速度飞行需要一两天的时间；与邻近的行星金星和火星的最近距离分别为

太阳系

4000 万千米和 7800 万千米；与最远行星冥王星的距离为 45～60 多亿千米，航天器飞向它的行程则更远，以现在的火箭高速飞行，需要几个月或 30～40 年的时间。

航宇的范围是整个宇宙。宇宙广袤无垠。太阳与最近的恒星的距离达 40 多万亿千米，即 4.3 光年，以现在火箭的最高速度飞行，需要近 10 万年的时间，而银河系的直径达 10 万光年。在银河系以外，还有 1000 多亿个河外星系。很显然，要冲出太阳系到银河系甚至河外星系去活动，用现在的火箭是不能胜任的，需要创造出更先进的动力工具，去战胜这遥远的距离，还要解决通信等许多难题。这些，都需要科学技术的更大进步。正如钱学森指出的，要实现航宇的理想，人类的科学技术还需要有几次大的飞跃。

唯一的登天梯

目前，只有运载火箭能把航天器送上天。为什么只有运载火箭是目前人类唯一的登天梯？它有什么特点呢？

我们知道，地球悬浮在空中，并且高速地绕太阳运行，但地球上的一切物体，包括地球表面之上的大气，不管是静止的还是运动的，都不会脱离地球而消散或逃逸到太空中去。这是因为它们受到地球强大引力束缚的缘故。后来，人们又发现，速度可以战胜引力。地球上的物体，只要达到一定的速度，就可以绕地球飞行，甚至脱离地球飞向太空深处。经过计算，在地球表面上，一个物体只要达到 7.9 千米/秒的速度，就可以绕地球飞行，这叫第一宇宙速度，也叫环绕速度；如果达到 11.2 千米/秒的速度，就可脱离地球引力绕太阳飞行，这叫第二宇宙速度，也叫逃逸速度或脱离

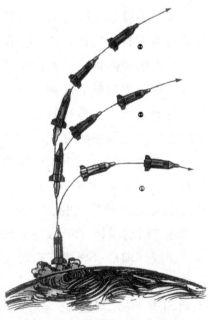

①发射速度 7.9 千米/秒，航天器绕地球运行；
②发射速度 11.2 千米/秒，航天器绕太阳飞行；
③发射速度 16.7 千米/秒，飞出太阳系。

速度。

现在，我们可以轻松地回答"为什么只有运载火箭才能把航天器送上天"的问题了，那就是因为运载火箭能使航天器克服或摆脱地球引力，即达到第一宇宙速度绕地球飞行，或达到第二宇宙速度，飞向其他行星和深空。

那么，火箭是如何达到宇宙速度的呢？火箭靠火箭发动机向后高速喷射高温高压气体，产生反作用力而获得前进的推力。火箭发动机与飞机喷气发动机的区别在于，它既带有燃烧剂，又带有氧化剂，工作时不依靠空气中的氧气，所以在没有空气的太空也能工作。理论计算和实验表明，火箭的速度（V）取决于发动机的喷气速度（ω）和火箭起飞时的质量（M_o）与发动机工作完成（即推进剂耗完）后火箭的质量（M_k）的比值，用数学公式表示为 $V = \omega L_n M_o/M_k$。M_o/M_k 叫做火箭的质量比。由这个公式可以看出，火箭的速度与发动机的喷气速度成正比，同时随火箭的质量比的增大而增大。但是，发动机的喷

中国的"长征二号J"火箭升空

美国"德尔塔"火箭

气速度是有限的，使用最好的液氢液氧推进剂，喷气速度也只能达到4千米/秒多一点，要让航天器达到7.9千米/秒的第一宇宙速度，进入绕

地球飞行的轨道，同时考虑到火箭上升时空气阻力会使速度降低，火箭实际需要达到 9.5～10 千米/秒的速度。这样，火箭的质量比应在 11 以上。这就是说，要让火箭多装推进剂，使推进剂的质量占火箭总质量的 90％以上，这样单薄的火箭是很难造出来的。所以在近百年前，齐奥尔科夫斯基提出用多级火箭接力式地将航天器送入轨道的理论。通过计算表明，一枚三级火箭，使用喷气速度为 3 千米/秒的推进剂，推进剂只需占火箭总重的1/3，即质量比为 3 就可将航天器送入绕地球飞行的轨道了。

中国的"长征 2E"火箭

　　当然，随着推进剂性能和火箭技术的提高，人们正努力用单级火箭来发射航天器。

火箭推进剂

目前发射航天器的运载火箭是利用推进剂的化学能，即让推进剂燃烧（热化学反应），产生高温高压气体，高速向后喷射获得推力。这叫化学能火箭。

化学能火箭使用的推进剂，有液态和固态两种，俗称液体推进剂和固体推进剂。与此相应的，分别叫液体（推进剂）火箭和固体（推进剂）火箭。

液体推进剂一般由燃料（有的也叫燃烧剂）和氧化剂组成，这叫双组元液体推进剂。常用的液体氧化剂有液氧、液氟、四氧化二氮、红烟硝酸、五氟化氯和二氟化氧等。常用的燃料有液氢、偏二甲肼、一甲基肼、煤油和丙烷等。

有些双组元液体推进剂，在常温下具有可长期在火箭推进剂箱中贮存的优点，叫可贮存推进剂，如硝酸、煤油等。

有些双组元液体推进剂在大气压力下沸点非常低，如液氧为－183℃，液氢为－253℃。这些推进剂叫低温推进剂。由于它们的能量较高，又叫低温高能推进剂。

双组元推进剂又可分为自燃和非自燃两种。偏二甲肼和四氧化二氮相互接触时，能立即自动燃烧，被称为自燃双组元推进剂。非自燃双组元推进剂则需要加温或点火才能燃烧。

有的液体推进剂是一种单一的物质，其中既有可燃的燃料成分，又

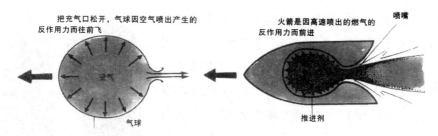

把充气口松开，气球因空气喷出产生的反作用力而往前飞

气球

火箭是因高速喷出的燃气的反作用力而前进

喷嘴

推进剂

气球与火箭飞行原理比较

有助燃的氧化剂成分，这叫做单组元液体推进剂。单组元液体推进剂在常温下是稳定的，在加压、加热或与催化剂接触时，能剧烈分解放热，产生大量高温气体。典型的单组元液体推进剂有过氧化氢和肼。由于单组元液体推进剂的性能较低，一般只用做推力很小的火箭姿态控制发动机的推进剂和大推力火箭发动机的涡轮泵的辅助动力源。

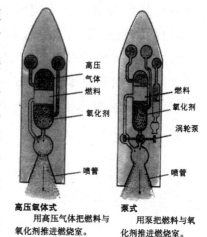

高压气体
燃料
氧化剂
喷管

燃料
氧化剂
涡轮泵
喷管

高压氧气体式
用高压气体把燃料与氧化剂推进燃烧室。

泵式
用泵把燃料与氧化剂推进燃烧室。

液体推进剂工作示意图

固体推进剂是由燃料、氧化剂和各种添加剂等组成的混合物。其中燃料和氧化剂是基本成分。为提高各方面的性能而加入的少量其他成分，统称为添加剂。其种类很多，功能各不相同，如加快燃烧速度的催化剂；降低燃烧速度的降速剂；改善燃烧性能的燃烧稳定剂；改善贮存性能的防老化剂；防止断裂的增塑剂；改善加工性能的释稀剂、润滑剂、固化剂或固化阻止剂等等。

固体推进剂的种类很多，常用的有双基推进剂、复合推进剂和复合改性双基推进剂等。

固体推进剂常常加工成柱形、翼形或球形，叫固体药柱。根据不同的燃烧要求，它们的横截面有各种不同的形状。

固体推进剂的性能较低，固体发动机工作时间短，不能多次启动，推力的大小和方向较难控制，但固体推进剂便于贮存，发动机结构简单，工作可靠，操作方便；液体推进剂及其发动机却正好相反。由于液体推进剂和固体推进剂性能互补，所以还有一种固体和液体推进剂同时使用的推进剂及其发动机，叫固液混合型推进剂及其发动机。常采用的是液体氧化剂（如硝酸、四氧化二氮、过氧化氢、液氧）和固体燃料（如端羟基聚丁二烯）；也有采用固体氧化剂和液体燃料的；还有在固体推进剂之外加液氢作为附加工质的三组元推进剂。

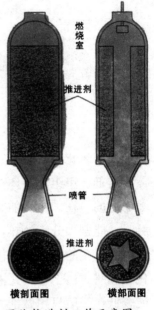

固体推进剂工作示意图

火箭的组成

运载火箭的主要组成部分是：产生动力的动力系统；把握飞行方向、姿态和速度，准确按预定轨道飞行的飞行控制系统；把各部分连成整体、承载有效载荷和受力的结构系统。V－2就是一枚典型的单级火箭。现在用于发射航天器的运载火箭，除上述三大部分外，还有测试用的设备系统，如测量、记录和向地面发送火箭上的温度、压力等各种状态数据的遥测设备系统（也叫内测系统），测量、记录和向地面发送火箭飞行速度和轨迹的外测设备系统，以及安全控制和自毁系统。

安全控制系统在火箭飞行过程中对火箭飞行的状况进行监督测量和分析判断，一旦出现无法纠正的故障，或由地面发出指令将火箭炸毁，或由火箭上的自毁机构自动地将火箭炸毁，以保护

航天运载火箭的典型结构示意图

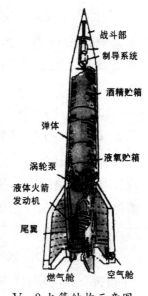

V－2火箭结构示意图

地面上的生命财产的安全。

在火箭发射过程中出现意外事故屡见不鲜。例如：

1986年5月3日，美国用德尔塔火箭发射同步气象卫星时，火箭起飞71秒钟后，因电路短路，主发动机提前关机，火箭失去控制，地面上发出指令，将它炸毁。

1986年5月30日，"阿丽亚娜"火箭发射"国际通信卫星5"时，因发动机点火器热性能差，第三级发动机未点火，火箭偏离预定轨道，地面发出指令，将它炸毁。

1987年3月24日和1988年7月13日，印度用加大推力运载火箭头两次发射卫星，分别由于制导系统和点火电路故障，使固体助推火箭提前熄火和飞行150秒后火箭失控而自毁。

SL—4火箭即将爆炸的一刹那，其应急逃逸系统将"联盟T10"号飞船拉离现场

1987年3月25日，美国用"宇宙神"火箭发射海军舰队通信卫星时，在飞行48～53秒期间雷电使计算机错误地向主发动机发出偏转指令，火箭出现翻滚，地面发出指令，将它炸毁。

1991年4月18日，美国用"宇宙神"火箭发射日本BS—3H直播卫星时，因一块碎片堵塞发动机管道，第二级一台发动机未点火，火箭出现翻滚，地面发出指令，将它炸毁。

对运送载人飞船的运载火箭来说，有的还有应急逃逸系统。1983年9月23日，"联盟"号火箭上的应急逃逸系统在竖立在发射台上的火

箭即将爆炸时，将火箭顶端的"联盟 T10"号飞船拉离火箭，并安全地降落在 4000 米以外的地方，使航天员季托夫和斯特列卡洛夫安全无恙。

目前的运载火箭一般为多级火箭。多级火箭的连接方式有串联、并联和串并联三种。

串联式火箭就是把几枚单级火箭在一条直线上串联起来。对各单级火箭和它们的组合，有各种不同的名称，一枚三级串联火箭的各部分名称如右图所示。

并联式火箭就是把一枚较大的单级火箭放在中间，叫做芯级，在它的周围捆绑多枚较小的火箭，一般叫助推火箭或助推器，即助推级。并联式火箭有时也形象通俗地叫做捆绑式火箭。

串并联式火箭就是它的芯级火箭不是一枚单级火箭，而是串联的多级火箭。

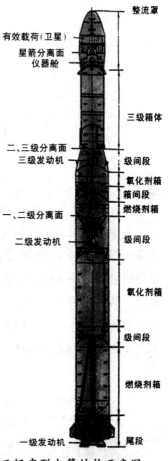

三级串联火箭结构示意图

火箭动力系统

火箭动力系统是指火箭上产生前进动力和其他一些辅助动力的那些设备，主要包括火箭发动机和推进剂输送系统。有时也称火箭动力装置，或者简单地称为火箭发动机。它是火箭的主要组成部分，常常以人的心血管系统比拟它在火箭上的地位和作用。

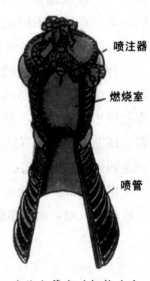

液体火箭发动机推力室

根据使用推进剂的不同，火箭发动机分为液体（推进剂）发动机、固体（推进剂）发动机和固液混合（推进剂）发动机。

液体火箭发动机一般由推力室、推进剂供应系统和发动机控制系统组成。

推力室是发动机中产生推力的那一部分，它由推进剂喷注器、燃烧室和喷管组成。对非自燃推进剂来说，还有点火装置，如火花塞等。

推进剂输送系统是把液体推进剂从贮箱输

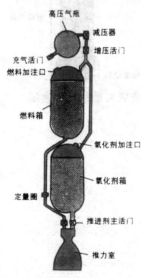

挤压式供应系统

送到推力室的系统，构造十分复杂。对现代大型火箭来说，主要包括泵、涡轮、传动机构和涡轮启动系统等。

发动机控制系统的作用是控制发动机的启动、点火和关机（即熄火）等工作程序，控制推进剂的混合比例，控制推力的大小和方向等。

固体火箭发动机由燃烧室、喷管和点火装置等组成。

燃烧室是放置和燃烧固体推进剂药柱的地方。药柱的燃烧，有的从端面开始，有的从侧面开始。

固体火箭发动机的喷管结构，要比液体火箭发动机的喷管复杂一些，它可以是一个，也可以是几个。药柱燃烧产生的燃气，通过喷管喷出产生推力。

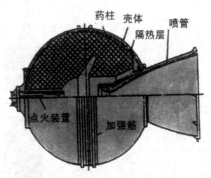

固体火箭发动机结构示意图

点火装置实际也是一个小型固体发动机，所以被说成是发动机的发动机。它通常由电爆管、点火药和壳体结构组成。

使用液体和固体混合推进剂的固液混合火箭发动机，一般由燃烧室（放置和燃烧

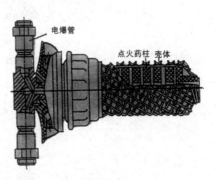

点火装置

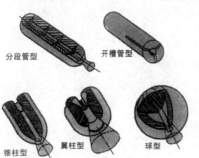

端—侧面燃烧药柱和球型药柱

固体燃料或氧化剂药柱）、喷管、贮箱（贮放液体氧化剂或燃料）和液体推进剂组分的供应系统等组成。

火箭发动机往后喷气的速度越高，它推动火箭前进的速度也越高。因此，

提高发动机的性能，主要是提高发动机的喷气速度。为此，必须选择高性能的推进剂，同时，把发动机的结构尽量设计得先进和科学，以便把推进剂的能量效应充分地发挥出来。当然，发动机自身的质量越小越好。

挤压式固液混合火箭发动机系统

火箭控制系统的组成

火箭的控制系统，是火箭最重要最复杂的系统，要说明它的组成和工作原理，牵涉到很多高深的科学技术理论和数理关系，是简短通俗的文字难以说清楚的。下面仅简略介绍火箭控制系统的主要组成和各个组成部分的基本作用。

技术人员对"长征三号"火箭进行精心测试

无人驾驶的运载火箭，它的控制系统起着汽车、火车、轮船和飞机的驾驶员及领航员的作用，是火箭的重要组成部分，被比喻为火箭的眼睛、大脑和手脚。

控制系统包括导航系统（对导弹武器来说常叫做制导系统）、姿态控制系统、电源配电系统和测试检查发射控制系统（简称测试发控系统）。

导航系统的功能就是控制火箭发动机准时点火、关机和火箭各级之间的分离，使火箭按照预定的路线飞行，把卫星、飞船等航天器准确地送到预定的空间位置，并准确地进入轨道。它是控制系统的核心。

姿态控制系统的功能就是纠正火箭在飞行过程中的俯仰、偏航和滚动误差，保持火箭以正确的姿态飞行。

电源配电系统的作用，一是给控制系统的仪器设备供电和配电；二是按火箭飞行的先后工作程序，发出时间顺序的命令；三是控制火箭工作状态的变化。此外，在火箭发射的准备过程中，还要完成从地面电源供电到火箭上电源供电的转变。

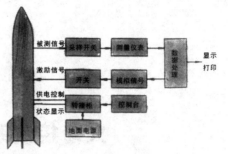

测试发控系统结构框图

测试发控系统的作用是，发射前对运载火箭控制系统的各种性能数据、火箭箭体和发动机系统的电气部分等进行检查测试，发射时对火箭实施发射控制。

测试发控系统包括测试检查和发射控制两部分。

精心测试

测试检查系统的作用，是用来对火箭进行检查测试，设备很多，测试检查的内容也很多。对陀螺仪、加速度表等仪表，以及电子设备、伺服机构等进行测试，叫单元测试；对控制系统、电源配电系统和动力系统的电气设备等进行测试叫分系统测试；对控制系统和其他各分系统之间、各仪器设备之间的协调性能进行测试检查，叫综合测试。

发射控制系统由控制电路和监视仪表组成。它的作用是在火箭发射过程中，完成推进剂增压，电源转变、点火、紧急关机等控制任务，以及监视火箭各系统的工作状态，测量各种数据，判断是否符合要

求等。

　　火箭的导航系统、姿态控制系统和电源配电系统安装在火箭上，通常叫做火箭飞行控制系统；测试发控系统则安装在地面上。但是，在对运载火箭实施控制的过程中，它们是一个完整的整体，虽然功能各不相同，但不各行其事。因此，火箭控制系统是一个非常复杂的综合系统，仪器设备种类繁多，使用的电子元器件数量很大。

火箭的飞行控制系统

对火箭控制系统的核心——飞行控制系统，有必要再稍微深入地作一些介绍，但仍然只能是通过形象比拟来说明，以有助于我们了解它的总体概念。

火箭的飞行控制系统，它的组成包括测量仪表、中间装置、执行机构和电源配电装置等。

根据火箭采用的导航方式不同，测量仪表的种类也有所不同。但各种导航方式的测量仪表，都离不开陀螺和加速度表。火箭控制系统中的陀螺，与玩具陀螺的原理相同，只不过更科学、更复杂。高速旋

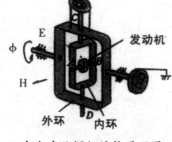

二自由度陀螺仪结构原理图

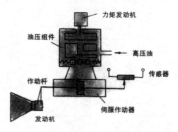

伺服机构结构示意图

转的陀螺，不管火箭姿势如何变化，它始终保持一定的方向不变。反过来说，它也能觉察到火箭姿态的任何变化。加速度表也是利用陀螺原理制成的，它能感受火箭速度等的变化。

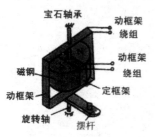

摆式加速度表结构示意图

控制系统的测量仪表是火箭的"眼睛"，

它能随时监视运载火箭是否在规定的路线上飞行，飞行的姿态是否正确。如果飞行路线发生偏差，或者火箭发生滚动、低头和抬头（即俯仰）、左右偏转（即偏航）等变化，就立即向中间装置发出信号。

控制系统的中间装置主要是电子计算机，它是火箭的"大脑"，它一旦接到测量仪器发来的火箭飞行路线和姿态变化的信号，就立即进行计算，并进行综合处理，将信号放大，传给执行机构，控制执行机构进行工作。

控制系统的执行机构，主要包括电磁阀门、电爆器、舵机、姿态控制喷管、摇摆发动机和伺服机构，它们是火箭的"手脚"。执行机构能严格按照中间装置传来的信号命令，把电信号变成机械运动，准确地纠正运载火箭的飞行路线偏差或飞行姿态发生的变化，使发动机按时点火、关机，火箭各级及有效载荷按时分离等。

导弹能准确地命中目标，航

中国"长征三号乙"火箭点火升空

天运载火箭能把航天器送进预定高度和倾角的轨道，全部秘密都在飞行控制系统之中。由于它能感觉到飞行过程中发生微小滚动、偏航和俯仰等偏差，并立即予以纠正。当工作一定时间和达到一定速度后，立即让发动机关机，因而能保证弹头在预定目标爆炸或航天器进入预定轨道。

　　1992年12月21日，我国"长征二号E"运载火箭发射美制澳大利亚卫星时，起飞后不久卫星发生爆炸，巨大的冲击使火箭的飞行路线和姿态发生变化。由于火箭控制系统的可靠工作，很快就把这种变化纠正过来，继续把一颗残缺的卫星准确地送入预定的轨道。

火箭结构系统

火箭是运送航天器的。对发射运载火箭的最后目的来说，只有航天器为有效成分，故被运载的航天器统称为有效载荷。这里顺便交待一下，当有效载荷为军事上作战使用的炸弹时，则运载火箭叫火箭武器（无控制系统）或导弹（有控制系统）。

火箭结构系统的作用是安装有效载荷、飞行控制系统、动力装置，并把它们连结成一个整体，形成流线型的光滑外壳，使火箭具有良好的空气动力外形和飞行性能；大型运载火箭的一部分结构系统被制成推进剂贮箱，贮放飞行中使用的推进剂；火箭存放时，结构系统支承着各部分的重力；火箭发射时，结构系统支承着竖立在发射台上包括推进剂在内的整个火箭的巨大质量；在地面操作、运输和飞行过程中，结构系统还承受着内部的和外界的各种力量，保护箭体内部的各种仪器设备，并为它们创造良好的工作环境。所以，人们又将火箭结构系统叫做火箭壳体

整流罩

运载火箭

整流罩

级间段杆系结构

玻璃棉　隔热液氧
隔框　绝热层　外壳　贮箱导管泄出导管

推进剂贮箱

（箭体），它相当人的躯体。

固体火箭的大部分箭体结构是由发动机的外壳构成的，所以结构比较简单，但在结构原理上与液体火箭的箭体结构基本相同。

多级液体火箭的箭体结构主要包括有效载荷舱、整流罩、仪器舱、氧化剂贮箱、燃料贮箱、级间段、发动机推力结构、尾舱和分离机构等。

级间段是多级火箭各级之间的连接结构。

发动机推力结构的作用，一是安装发动机，二是把发动机产生的推力传给箭体。

尾舱又叫尾段，在火箭的最下端。它的作用，一是发动机的保护罩，二是火箭发射时竖立在发射台上的支撑构件，火箭有尾翼时，它还是尾翼的支持部件。

分离机构的作用，是在火箭飞行过程中，把需要分离的部分及时解锁和顺利地分离开来。如分离已完成工作使命的助推火箭和下面级火箭，以便继续飞行的火箭轻装前进，分离整流罩，以便有效载荷独立地、不受干扰地执行自己的任务。

其实，分离机构，除了能使需要分离的部分解锁分离外，它还是把各部分连接起来的连接部件，故它准确的名称应是分离连接装置。

分离机构和分离方式的种类很多，对星箭分离来说，有弹射分离机

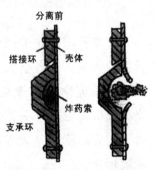

爆炸索工作原理示意图

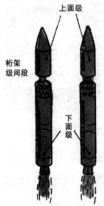

热分离示意图

冷分离示意图

构和制动火箭分离机构两种；对多级火箭的级间分离来说，有热分离方式和冷分离方式两种。分离机构包括爆炸螺栓、环形爆炸索、弹簧或气动作动器或反推火箭和辅助加力火箭等组件。分离时，爆炸螺栓或环形爆炸索爆炸，使连接解锁，然后由弹簧或气动作动器，或反推火箭和辅助加力火箭，或靠上面一级发动机的强大气流将两部分推开。

火箭研制

在我国，把火箭的设计、制造和试验发射简称为火箭研制。火箭研制是一件十分复杂的事情，要把成千上万的技术人员和工人严密地组织起来，按照周密的计划，环环相扣，一步一步地实施。这个过程一般需要 5 年左右的时间，叫做研制周期。火箭研制的程序，一般分为三个阶段，即论证阶段，方案阶段、工程研制阶段。

第一阶段，即论证阶段，包括技术指标论证和技术方案的可行性论证。

所谓技术指标论证，就是国家根据航天任务的需要，从国家的科学技术和工业水平的实际出发，通过分析计算，

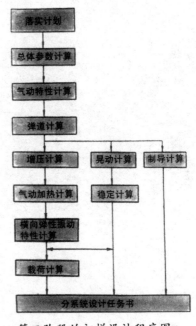

第二阶段的初样设计程序图

提出火箭的技术性能指标，包括火箭能把多重的航天器送入什么样的轨道，实际轨道和要求的轨道允许的误差是多少，火箭发射的可靠性要求，能适应几种质量和几种外形尺寸的航天器发射等。

技术方案的可行性论证，就是由承担研制任务的部门，提出火箭的具体技术性能指标和总体方案、研制周期、研制经费、分工协作等方面

的建议。

第二阶段，即方案阶段，包括整体方案论证、方案设计和制造模样火箭。

方案论证。承担研制任务的部门，先根据总体方案提出几个技术方案，再从这几个技术方案中选出一个最好的，或者把几个方案的优点集中起来。然后对控制系统、动力系

为了一个共同目标——新型号火箭胜利上天

统和结构系统等分系统提出第一轮设计要求，并在这个基础上拟定出研制计划和经费数额。

方案设计。在选出的技术方案的基础上，进一步确定火箭的总体设计方案，如选定火箭的级数、结构形式、推进剂、发动机、火箭各级的分离和航天器与火箭分离的方式等，并全面展开分析、计算和设计工作。

模样火箭制造。模样火箭与真火箭一样大。通过制造模样火箭，解决关键技术问题，验证技术方案，确定火箭的性能参数。

第三阶段，即工程研制阶段，包括初样研制、试样研制和研制性飞行试验。

对导弹武器来说，还有第四个阶段，即定型阶段，包括定型鉴定试验、设计定型和工艺定型。

"阿丽亚娜"火箭

火箭的研制是一个很复杂的过程，往往会有反复，甚至已研制成的火箭，因性能不好而被放弃。如英国 20 世纪 60 年代研制的"黑箭"运载火箭，由于缺乏预先研究的基础，技术上毛病太多，可靠性太差，发射一颗卫星后就被舍弃了。英国从此没有再研制自己的运载火箭，而与一些欧洲国家联合研制"欧罗巴"运载火箭。但是，由于分散研制，缺乏强有力的抓总单位，协调管理不善，使研制出来的"欧罗巴"Ⅰ型、Ⅱ型、Ⅲ型火箭的可靠性也不高，只得放弃，转而成立欧洲航天局，

"风暴一"号火箭

集中力量研制"阿丽亚娜"型运载火箭，结果取得成功。"阿丽亚娜"火箭于 80 年代投入使用后，打破了美国对国际航天发射市场的垄断，争得了 60％以上的商业卫星发射市场。

火箭试验

火箭是一个复杂的大系统，不容许有一个零件、元器件、仪器设备和部件存在任何问题，同时它的各个分系统，既彼此联系，又相互制约。因此，在火箭研制的整个过程中，从每个零件、元器件、单个仪器设备的选择，到部件、分系统，直至整个火箭，要一步一步地进行大量的各种各样的试（实）验。数量最大的是零件、元器件和单个仪器设备的选用交付验收试验；其次是部件试验，就是在模拟火箭的工作条件下，评定和检验它们是不是符合设计要求；接着是分系统试验（包括模型、实物和计算机仿真），如风洞实验、发动机试车、

大型振动试验塔

火箭静力试验、火箭动力特性试验，以及制导系统、姿控制系统、伺服系统、推进剂输送系统、星箭分离系统、级间分离系统、遥测和外测系统等试验，它们在模样、初样和试样研制阶段都要进行；然后是整个火箭的地面综合性试验（包括实物模拟和计算机仿真），如电气系统综合

匹配试验、全箭试车、环境试验等；最后是火箭的飞行试验。

发动机试车，就是把制造出来的火箭发动机，放在地面试验台上进行试验，这在研制的每个阶段都要进行。在方案设计阶段要进行模拟发动机试车，在初样阶段要进行发动机性能和结构方案试车，在试样阶段要进行鉴定性试车和验收性试车，甚至在批量生产后还要进行抽检试车等等。对液体火箭发动机来说，采用真实推进剂点火试验叫地面热试车；如果用水等物质代替推进剂，检验发动机系统的启动和关机等性能的试验，叫地面冷试车。

美国"土星5号"火箭

火箭动力特性试验，就是把整个火箭吊挂在振动塔中，对火箭施加各种振动，让它处在接近实际飞行时的振动之中，对控制系统、推进剂输送系统等的设

火箭发动机试车

计，火箭各部位的安排和整个火箭的性能进行检验，又叫全箭振动试验。

电气系统综合匹配试验，用来检验导航、姿态控制、电源配电、遥测、外测和安全等电气系统同时工作时，它们各自的工作是不是正常，工作是不是协调一致，相互之间是不是产生电磁干扰等等。

"长征二号E"全箭振动试验

全箭试车，这是在火箭进行飞行试验前，最接近飞行条件的、规模最大的地面综合性试验，通常在专门的全箭试车台上进行，也可在发射场的发射台上进行。全箭试车要求尽最大可能地让火箭接近发射和飞行的状态。由于除不让火箭起飞外，其余程序与发射和飞行状态一样，所以又叫系留点火试验。

火箭发动机试车台

火箭飞行试验。尽管火箭在地面上经过了大量的各种试验的考验，但最后还是要进行飞行试验。飞行试验除有效载荷是模拟的外，其余程序与发射航天器的情形完全一样，这是火箭研制工作的最后总结。

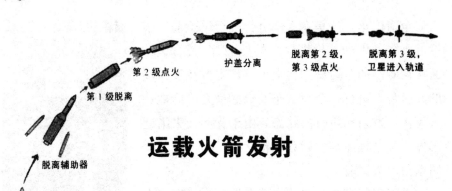

第2级点火

护盖分离

脱离第2级，
第3级点火

脱离第3级，
卫星进入轨道

第1级脱离

脱离辅助器

运载火箭发射

　　所谓运载火箭发射，是指火箭携带航天器，从起飞、加速，直至进入预定轨道的全过程。

　　运载火箭不是随时随地都可以发射的，它需要一定的发射场地、发射条件、发射窗口，需要严格履行规定的发射程序，让火箭按预定的发射轨道飞行，才能使火箭发射成功。

　　大型运载火箭需要从地面上或海面上固定的发射场上发射。小型运载火箭（如美国的"飞马座"）可在飞机上从空中发射。从航天飞机、空间站和大型卫星上也可用运载火箭发射航天器。探空火箭可由气球带到空中发射。运载炸弹的火箭（导弹），还可从地下井中，从汽车、火车和舰船上发射。

　　发射条件，是指保证运载火箭发射成功的技术要求，概括地说，就是要求各项发射设备和系统处于最佳的运转状态。由于参与火箭发射的设备和系统很多，要让它们都处于最佳运转状态是不可能的。因此，通常规定最低发射条件，由发射控制系统、地面测控系统、通信与时间统一系统、气象保证系统等分头掌握确定，然后汇总协调，拟定几个预选方案，最后由发射指挥员在现场机动处理。

　　发射窗口，是指允许运载火箭发射航天器的时间范围。有年计发射窗口、月计发射窗口和日计发射窗口。举例来说，发射哈雷彗星探测器，只能在它回归太阳附近的年份内发射；发射火星探测器，只能在火星与地球会合年份中的几个月内发射；发射月球探测器，应在月球离地球最近的日子里发射；还有气象条件的限制，要选在不下雨的时刻发射等等。

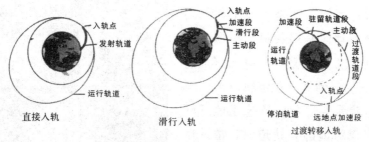

运载火箭的发射轨道

发射程序，一般由航天器和运载火箭运到发射场的发射区算起，以液体燃料火箭从固定发射场发射航天器为例，主要发射程序有发射设备准备，运载火箭起竖和航天器安装，火箭垂直度调整和方向粗瞄准，全箭检查和测试，加注推进剂和充填压缩空气，安装火工品，方向精确瞄准和临射检查，向火箭推进剂贮箱充气增压，启动发动机，火箭起飞，沿预定轨道飞行等。

发射轨道，是指运载火箭从点火起飞，到将航天器送入最终的运行轨道，所飞经的路线。这

中国"长征三号"火箭

条路线是事先设计好了的，一般分为垂直起飞段、程序转弯段和入轨段。各种火箭的垂直起飞段和程序转弯段都大同小异，只有入轨段有不同，一般有直接入轨、滑行入轨和过渡转移入轨三种。

直接入轨，就是火箭一直工作，将航天器送入运行轨道。常用于发射低轨道航天器。

滑行入轨，就是火箭工作一段时间（主动段）后关机，靠惯性滑行（滑行段），再启动发动机（加速段），将航天器送入预定轨道。

当航天器运行轨道选用地球同步轨道或对地静止轨道时，常采用过渡转移入轨，就是火箭先将航天器送入一条较低的停泊轨道，然后再工作，将航天器送入一条远地点为 35786 千米的过渡轨道（又叫转移轨道），最后由航天器上的动力将航天器推入地球同步轨道或对地静止轨道。

日本"H-2"火箭

火箭系统和地面设备

红花还得绿叶扶持。只有火箭是不能将航天器送入轨道的，所以常常听到"火箭系统"的说法。所谓火箭系统，包括火箭和地面设备两部分。

什么是地面设备？广义地说，火箭发射和飞行缺少不了、但仍留在地面上的设备，都是地面设备。不过，前面说到的火箭控制系统的地面部分，已独立成一个分支，习惯上不算在地面设备中。

地面设备包括通用设备和专用设备。

火箭吊装和勤务塔

通用设备有电力、照明、通风、取暖、通信、供水和消防设备等。专用设备包括运输、装配、贮存、测试和发射设备等等。

大型运载火箭的各个部分，分由几个工厂制造，它们不在一个地方，而且一般离发射场很远，所以需要水、陆、

火箭与发射台对接

空各种运输设备。制造出来的火箭，不一定马上发射，所以需要停放、贮存设备。发射时要把各部分装配起来，所以还要装配设备。

火箭在发射前，需要先在发射场的技术区进行测试和检查，需要大量的检查测试设备。完全合格后，再转运到发射场的发射区。

运到发射区的火箭，先要竖立起来，然后进行检查测试，完全合乎要求后，再点火发射。这就需要许多设备。主要的设备有起重吊装设备，发射台，脐带塔，勤务塔，测试瞄准设备，电源、气源、液源及输送线路和管道，液体推进剂运输、贮存和加注设备，发射控制和监视设备等等。

脐带塔，是把火箭上的电、气、液设备，与地面上的电、气、液源相连接的塔架。连接的线路或管道像连接母体和婴儿的脐带，所以叫脐带塔。

勤务塔，是工作人员对火箭进行检查测试等勤务的塔架，它一般比火箭还高。脐带塔和勤务塔环抱着火箭，直至火箭发射前撤离或张开。

"长征三号"火箭运往发射场

美国"大力神"火箭

地面设备比火箭要庞大得多，而且火箭系统的地面设备，有它的独有特点和要求，如电力设备，要有强、弱交流电和不同频率的直流电等各种电力供应设备；推进剂的贮存、运输和加注设备要求能防火、防爆、防毒、防腐蚀和防传热；发射台要求能承受巨大的质量和强大的推力，以及解决火箭发动机的高温、高压、高速燃气流的防护和排导等问题。

地面设备的操纵要求快速、准确和安全，如推进剂加注要求迅速准确，加多了，泄漏出来会造成事故；加少了，火箭达不到预定高度，方向瞄准不能有丝毫误差。1962年美国用"大力神"火箭发射"徘徊者3号"月球探测器时，因瞄准度差了一点点，结果使该探测器偏离月球47000多千米。

俄罗斯"能源"号运载火箭

火箭发射场和场址选择

专门供运载火箭发射航天器的地方叫运载火箭发射场，也叫航天发射场、航天港、航天中心、卫星发射场、卫星发射中心等。它们许多都是由导弹试验靶场和导弹发射场改建的。世界上著名的运载火箭发射场有中国的酒泉卫星发射中心、西昌卫星发射中心、太原卫星发射场，美国的肯尼迪航天中心、东试验靶场、西试验靶场、沃洛普斯发射场，前苏联及俄罗斯的拜科努尔发射场（现在哈萨克斯坦共和国境内）、普列谢茨克发射场、卡普斯丁亚尔发射场，法国的库鲁航天中心，日本的鹿儿岛发射场、种子岛发射场，意大利的圣马科发射场，印度的斯里哈里科塔发射场，澳大利亚的伍麦拉发射场和正在修建中的约克角发射场等。

火箭发射场一般由技术区（又叫技术阵地或测试区、测试阵地）、发射区（又叫发射阵地）、指挥控制中心和生活区组成。此外，还有气象、跟踪测量、后勤保障、安全警戒等部门。

西昌卫星发射中心指挥控制室

技术区是对运载火箭和航天器的各系统以及整个火箭和航天器进行测试的地方，主要建筑是测试大楼。

发射区是发射运载火箭的地方，主要由发射台、脐带塔、勤务塔、发射控制室、燃料库、水塔等组成。高大雄伟的脐带塔和勤务塔是发射区的主要标志。发射控制室则设在地下，为了安全，上面还覆有厚厚的土层，像个小山包。燃料库也在地下。在发射台下，还有深深的导流槽，是导引火箭发动机喷焰流向用的。

电影经纬仪

指挥控制中心是发射场的神经中枢，担负着火箭发射时的指挥控制、数据处理和传输、时间统一及安全控制等工作。

火箭发射的跟踪测量系统，配置在发射场和火箭航区内，包括地面测控站、海上测量船、空中测量飞机和直升机、空间的跟踪卫星等。光学跟踪测量站一般离发射场不远，属发射场管理。无线电跟踪测量站则由测控中心指挥。

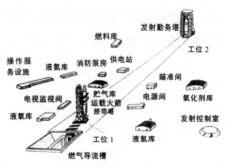

发射场典型发射区

美国肯尼迪航天中心

发射场场址的选择，是一件很复杂的事情，它既要靠近工业区，以便于联系协作和供应，减少运输环节，又要远离经济发达和人口稠密地区，因为火箭发射时会产生剧烈震动、巨大噪声，推进剂也会造成环境污染，而且，万一发生发射事故，可减少生命财产损失。为了借用地球自转的力

量，发射场最好建在赤道和赤道
附近地区（纬度越低越好），使火
箭向东发射；这又要求发射场的
东边地势开阔，最好是濒临大海。
火箭发射要求有良好的气候条件，
因此，发射场应选择在晴天多、
雷雨少、湿度低、风速小、温度
变化不大的地方。火箭发射时需
要大量的水，还有工作人员生活

中国西昌卫星发射中心

需要水，因此，发射场应有丰富的水源。火箭发射场要求地质结构坚
实，便于总体布局，有发展的余地等等。能满足所有这些条件的场址是
很难找的，只有在本国具有的条件以内，综合起来考虑。

火箭的其他用途

火箭除了用来发射航天器以外，还有许许多多的用途。

火箭应用得最多的是作为作战武器。其中没有制导系统的，叫火箭武器，如火箭炮、火箭筒、火箭弹和布雷火箭、照明火箭、干扰火箭等等；有制导的叫导弹。导弹武器的种类更多，如反坦克导弹、防空导弹、反舰导弹、反雷达导弹、反弹道导弹、巡航导弹、地地弹道导弹、潜地弹道导弹、战略导弹、战术导弹等等。

火箭可以用来进行科学实（试）验和科学探测。其中应用最多的是

1960 年 2 月 19 日，中国第一枚试验型探空火箭发射成功

探空火箭，主要包括气象火箭、地球物理火箭和生物火箭。

气象火箭把科学仪器送到低于 120 千米的高空，探测那里大气的温度、压力、密度和流动速度，以预测气象变化。这是很重要的气象探测，因为那里是气象卫星和一般探测气球都达不到的盲区。

地球物理火箭把科学仪器送到 120 千米以上的高空，探测那里的各

种地球物理状况。

生物火箭将生物和科学仪器送到高空，观测生物的生理等变化，研究高空环境对生物的影响。在 20 世纪 60 年代，我国曾用生物火箭把果蝇，大、小白鼠等生物送到高空，最有名的是 1966 年 7 月 15 日和 28 日，分别将小狗"小豹"和"姗姗"送进几十千米的高空。

火箭还可把科学仪器、实（试）验材料和设备送到高空进行其他科学实（试）验。如日本在 1980 年和 1981 年用火箭将炼钢炉送到高空进行炼钢试验，1988 年又两次用德国火箭把微重力实验装置送到 240～270 千米的高空，在微重力环境中进行 6 分钟的半导体材料实验。

火箭可用来防雷。大气中的雷电，常常会击毁电力设施、电子仪器，引起火灾和击毁竖立在发射台上和飞行中的火箭等。可用火箭将特定装置送到可能有雷电产生的空间，预先引发雷电，以达到防雷、避雷和减轻雷电损失的目的。

无控火箭

用火箭将炸药送到有冰雹的云层中爆炸，可以消除冰雹，把催化剂送到降雨云中可以人工降雨。

用火箭把电视摄像机送到空中，然后由降落伞吊挂着对地面摄像，这比卫星拍照要清楚、灵活和及时得多，可用于战场战术侦察；观察火山爆发、森林失火、

小狗姗姗

地震和洪水等灾情；观测地球南北两极、百慕大黑三角等不易到达和有危险的地区；观察海难、空难的现场和指挥营救；进行野生动物跟踪

等等。

　　火箭还可进行信件和物资传送。如战场的紧急军政邮件和不通邮路地区的特殊邮件，边远地区紧急需要的药品，工程抢险材料和紧急救灾物资等等，都可用火箭传送。

中国"HG—2B"地空导弹

　　火箭可作为飞机的加速动力。美国的火箭飞机曾创造过飞行速度和高度的纪录。把火箭装在船舶上作动力，就是火箭船，美国一家公司一直在努力发展海上推进系统喷气系列船。

　　火箭除了作为动力外，它也可以作为阻力源，这就是制动火箭（也叫反推火箭）。它可以减低飞行器的飞行速度或使它向相反方向飞行。

形形色色的火箭

前面介绍的运载火箭和航天飞机，都是靠燃烧推进剂的化学能产生推力。除此之外，人们还设想了利用其他能量的火箭，如电火箭、核能火箭、激光火箭和阳光动力火箭等等。

电火箭　是用电场或电磁场将推进剂电离成粒子，

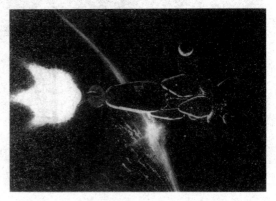

核能火箭

并使它们高速喷出，以产生推力。有电热式、静电式和电磁式几种。但不论哪种电火箭，推力都很小，一般只有几克到几千克力的推力，远远不能把航天器从地面送入太空，而只能用作太空动力，如用来修正航天器的轨道偏差和加速等等。由于它的比冲高、寿命长，作为空间动力，比化学能火箭更优越。

核能火箭　有核裂变能火箭和核聚变能火箭两种。

我们知道，铀、钚等重元素，在一定条件下，它们的原子核会发生裂变，同时放出大量的热。这叫核裂变反应。原子弹爆炸就是核裂变反应。原子能火箭就是利用重元素的核裂变反应产生的热量来加热推进剂，使它高速喷出，以产生推力。目前人们设想的原子能火箭，是让氢通过核反应堆，吸收反应堆的热量，可使温度急剧升高到 2500℃，然后进入喷管内膨胀并高速喷出。由于核裂变的能量比推进剂燃烧产生的能量大一百万倍，所以这种核能火箭自身的重量比化学能火箭轻得多，有效载荷的重量相对地会大大增加。这种原子能火箭还在研究中。

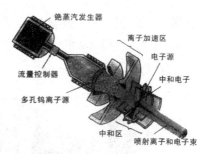

静电式电火箭发动机示意图

如能利用轻元素聚变为重元素的能量作为火箭的动力，将使火箭获得更高的效能和速度，因为核聚变释放的能量是核裂变能量的好几十倍。如用氢的同位素氘进行聚变，可产生温

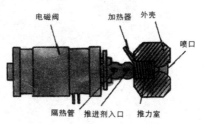

电热增强式电火箭示意图

度高达 1 亿度的等离子体，排气速度可达 15000 千米/秒。这种利用氘聚变能量的火箭叫氘火箭。可惜人类现在还只掌握了不可控核聚变，可控核聚变技术的研究才刚刚有了一点点突破。

激光火箭　就是用强激光束加热推进剂，以产生推力。它的原理是，强激光束把气体推进剂加热到很高的温度，使原子电离，形成等离子区，发生微型爆炸。爆炸产生的冲击波以超音速迎着激光扩散，一方面产生作用力，另一方面使激光失去作用。冲击波过后，激光恢复作用，再产生冲击波，如此形成激光脉冲。激光火箭所需要的推进剂很少，成本低廉，构造也很简单，特别适合连续地、大规模地运送物资的需要，如用固定的激光火箭发射装置从地面或月球上发送材料设备到空间建造航天站，或为轨道工厂运送原材料等等。它也适合需要随时使用的小火箭，如载人航天器上的某个仪器设备的零件损坏了，可随时用激光小火箭从地面将替换件送上去。

阳光动力火箭　也叫太阳能动力火箭。就是用轻型反射镜，将太阳光聚集到火箭燃烧室，可把推进剂加热到 2000 多摄氏度，然后通过喷管喷出，产生推力。阳光动力火箭的推力很小，一般不到 5 牛，只能作为太空动力，但作用时间长，可使航天器慢慢地加速。不过，离太阳越远，阳光越弱，推力越小。

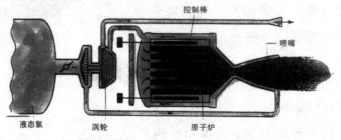

核能火箭的构造原理示意图

航天飞机和空天飞机

昂贵的火箭只能用一次，很不经济。为了降低成本，1981年美国试飞成功了可部分重复使用的航天飞机。它把航天器从地面带到轨道，再从那里施放或发射。在航天飞机上还可以进行太空科学实验和探测。航天飞机既具有火箭的功能，又具有航天器的功能，它把运载火箭和航天器结合起来了。

美国航天飞机由轨道飞行器、外挂燃料箱（外贮箱）和固体火箭助推器三大部分组成。

轨道飞行器实际上是一架用火箭发动机

（苏）"暴风雪"号航天飞机

做动力的宽体飞机，可以重复使用上百次。轨道飞行器上有3台主发动机，它们在发射时使用，可产生约29420千牛的推力。另外，还有两台机动发动机，它们在飞机入轨、返回和在轨道上做机动飞行时使用。轨道飞行器返回地球时，需要利用空气动力飞行和降落，

空天飞机的驮载起飞

所以有一对很大的三角形机翼和一个很高的尾翼。由于它像飞机一样在地面着陆，所以还有起落架。它的密封座舱分上中下三层，供航天员生活和工作用，还有一个巨大的货舱，上半部分是由两扇可以开合的大门合成的。整个轨道飞行器长约37米，直径约4米，两翼宽近24米，能装载近30吨的货物进入太空，能将14吨多的货物从太空带回地面。

轨道飞行器上主发动机工作时使用的推进剂装在外贮箱中。外贮箱连在轨道飞行器的下方，长约47米，直径8米多，分前后两个箱。前箱装600多吨液氧，后箱装100多吨液氢。燃料用完后外贮箱体被抛掉，在大气层中烧毁。

美国航天飞机点火升空

两个固体火箭助推器固定在外贮箱两侧，长45米多，直径3.7米，总推力约25500千牛。它们与轨道飞行器上的主发动机一起，把总重近2000吨的航天飞机从地面托起，工作完后分离，落入大西洋，打捞回收后，经修理再次使用。

美国航天飞机从肯尼迪航天中心39A发射台垂直发射，大约在10分钟以后进入离地面200～300千米高度的绕地球飞行的轨道，在那里施放或发射航天器，进行各种科学试（实）验活动。

美国"霍托"号空天飞机方案

完成任务后，机动发动机点火，以降低飞行速度和轨道高度，约半小时后（离地面约120千米）进入稠密大气层滑翔飞行，飞行速度急剧减低，到88米/秒时准备像飞机一样着陆，在约100米高度时放下起落架，然后着陆。

1988 年 11 月，苏联的"暴风雪"号航天飞机无人驾驶轨道试飞成功，但后来俄罗斯取消了这项计划。日本正在研制小型货运航天飞机。

德国计划中的"桑格尔"号空天飞机

航天飞机还只是部分重复使用的航天运载工具，而且没有达到预想的降低成本的目的，因而目前美国正研制完全可重复使用的航空航天飞机，简称空天飞机。它的试验型"X－33"，方案已经选定。空天飞机与航天飞机的区别在于，既装有火箭发动机，又装有冲压空气喷气发动机，它由地面或由驮载飞机载到空中水平起飞。在大气层中飞行时，使用冲压空

美国空天飞机样机"X－33"

气喷气发动机，是理想的洲际旅行交通工具；如要进入太空，则将速度提高到 25 倍音速，到达大气层边缘时，启动火箭发动机。完成任务后，像飞机一样在普通机场水平降落。

英国的"霍托"号、德国的"桑格尔"号空天飞机也在研制中。

垂直起降航天器

运载火箭垂直起飞，这样可以把在稠密大气层中飞行的时间缩小到最短，但它最后要与航天器分离，而且不能单级入轨，不能重复使用。多级火箭在工作中逐级被抛弃，很不经济。航天飞机把运载工具和航天器结合起来，可以部分重复使用，但它有两个助推火箭帮助起飞，不是单级（可算是1.5级）入轨。未来的空天飞机，如果是由飞机驮载着到空中起飞，也算是1.5级的，如果是从地面水平起飞，虽是单级入轨，但却不是垂直起降。

与"三角快帆"航天器类似的一种单级入轨方案

为了把各种优点集中起来，人们正在研制垂直起降、单级入轨、重复使用的航天器。

在过去，单级火箭不能把航天器送入轨道，主要是受推进剂性能的限制。在齐奥尔科夫斯基时代，要让单级火箭达到第一宇宙速度，它所装载的推进剂质量，需占整个火箭质量的90％以上，这比蛋清、蛋黄占整个鸡蛋的比例还高，这在当时是不可能的。随着推进剂性能的提高，火箭设计技术的发展和新材料的应用等等，单级入轨火箭已是可以做到的事情。

由美国麦道公司研制的"三角快帆" 就是一种垂直起降、单级入轨、运载工具和航天器结合的，可重复使用的航天飞行器。

"三角快帆DC—XA"

"三角快帆"具有很多优点，由于单级入轨，火箭和它所运载的航天器不必分离，它们浑然一体，可以重复使用，兼有运载火箭和返回式飞船的双重功能，与一次性使用的多级运载火箭相比，长度只有50％～65％，但直径却要大 3～5 倍，是一个矮胖子，可容纳大尺寸的有效载荷。由于结构紧凑，有效载荷可占总重量的 3％，比"阿丽亚娜Ⅰ型"火箭大 50％；与航天飞机和空天飞机相比，结构材料的强度和刚度等机械性能容易得到满足，耗材量少，可选择技术上成熟的发动机和仪表设备等，可批量生产，研制成本低；它没有在重量和体积上占很大比例的机翼，可以多装推进剂；它像火箭一样常规地垂直发射，技术成熟，可靠性高，能充分利用目前的发射设施，适应性强；由于矮胖，重心低，抗风能力强，稳定性好，还便于检测和维护；它的研制成本低，即使增加可在大气层中

麦道公司设计的单级入轨的"三角快帆"航天器

使用的吸气式或冲压式空气发动机，发射成本也低于多级运载火箭和航天飞机。

"三角快帆"垂直起降单级入轨航天器的缩比模型，已在 1993 年 8 月起降试飞成功，现在正在进行全尺寸的样机的飞行试验，预计在齐奥尔科夫斯基建立航天飞行基本理论 100 周年的 2003 年投入使用。它可携带 9 吨有效载荷进入太空，环绕地球飞行 14 天，返回地球后，经一星期的检修，可再次飞行。

美国一家私人公司正在研制"罗顿"号垂直起降、单级入轨重复使用航天器。它有直升机一样的旋翼，可在空中悬停。

电磁线圈炮和氢气炮

  各类火箭和航天飞机都是以反作用原理进行工作的，而电磁线圈炮和氢气炮则是原理不同的航天器发射器。

  线圈炮是将强电流通入线圈，产生巨大的电磁力，使放在线圈内射弹上的航天器一起加速，最后被弹射出去的航天发射装置。

  线圈炮的主体是一个由几千个感应线圈组成的管型飞行通道，其中的射弹又起电枢的作用，另外配有供应脉冲电流的电容器组和控制计算机。发射航天器时，将载着航天器的射弹放在第一级线圈中，然后由计算机控制的电容器组向第一

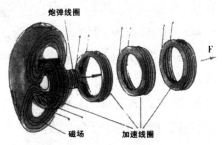

线圈炮加速器工作原理示意图

级线圈供电，因而产生感应磁场，磁场穿过电枢（射弹），感生出电流。感应电流与磁场相互作用，产生电场力，推动射弹前进。通道中的光纤传感器随时探测射弹的位置和速度，并把它们输入计算机。计算机控制电容器组向以后的各级线圈依次供电，使射弹不断加速。射弹"浮"在电磁波上，与飞行通道之间有千分之几厘米的间隙。它好像在电磁波上做冲浪运动，最后将航天器高速弹出线圈。这时航天器上的助推火箭启动，将航天器送入轨道。

  氢气炮好比一支巨大的气枪，它用高压氢气将卫星从发射管中弹射

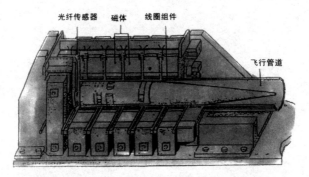

美国桑迪亚实验室的线圈炮的实验发射装置

出去。

　　美国劳伦斯·利弗莫尔实验室正在研制的氢气炮，结构形状呈 L 形。一部分在地面上，是一根长 82 米，直径 36 厘米的泵管，泵管中有一个重 4 吨的钢制活塞；另一部分由塔架支撑着，倾斜地指向天空，是一条长 47 米，直径 10 厘米的发射管。两部分呈直角。发

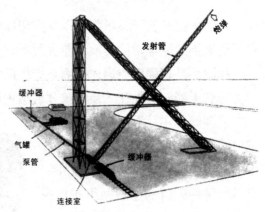

高压氢气炮

射时，将甲烷与空气的混合物注入泵管的一头，隔着活塞，靠近发射管的一头泵管内则充氢气。点燃甲烷和空气的混合物，产生爆炸，推动活塞，压缩氢气，使氢气的压力迅速上升到 415400 千帕，将炮管中的炮弹（航天器）高速推出。为承受氢气受压缩时产生的巨大冲击，装在泵管两端滑橇上各重 100 吨的缓冲器向后滑动 3 米。而发射管中的反作用力则由一个 10 吨重的缓冲器和填满胶体物质的容器来吸收。反作用力使胶体物质通过容器的孔隙喷出，使发射管得到保护。

　　选用氢气做压缩气体，是因为氢的膨胀系数大，膨胀速度快。

　　1993 年，劳伦斯·利弗莫尔实验室在范登堡空军基地用原型氢气

炮向太平洋上空发射炮弹，5千克的炮弹可到达450千米高度的轨道。实现全尺寸的氢气炮的关键问题，是要有高强度的材料。建成后，可将10吨重的有效载荷送入450千米高的轨道，或将2吨重的有效载荷送上月球，而发射费用只有航天飞机的1/40。

想像中的812毫米火炮

除了不能承受1500倍地球重力加速度的物资外，其余90％的航天物资和设备都可用氢气炮发射。它可用来向航天站运送物资，也可用来向月球运送物资，为载人火星飞行或在月球上建立住人基地作准备。

登天的遐想

齐奥尔科夫斯基曾经说过："火箭对我来说，只是通向太空深处的一种办法，如果有另外的登天办法，我也会采纳"，"问题的实质是能够飞离地球并到太空居留"。

实际上，青年时代的齐奥尔科夫斯基就曾设想过许多登天的办法。如他设想用大炮发

形形色色的登天设想

射航天器。根据当时的火药性能和火炮技术，他计算出的火炮炮身长度达数百千米。今天的技术已经可以实现他用大炮发射航天器的设想。

齐奥尔科夫斯基还设想过赤道登天台，就是沿地球赤道筑一道几百

乘"环形管"登天

千米高的台子，台面在大气层之上，宇宙列车在台上高速飞行，当速度达到每秒约 8 千米时，就可以克服地球引力在太空飞行了。如果把现在的磁悬浮列车搬到赤道台上，再把速度提高 20～30 倍，它就成为齐奥尔科夫斯基设想的宇宙列车了。

1895 年（齐奥尔科夫斯基方案）地球大气层外登天台

齐奥尔科夫斯基还设想在赤道上建一座很高很高的塔，航天器沿塔上升，离地面越高，受地球引力的影响越小，当地球引力对它的影响很小很小时，只要用很小很小的动力，就可以离开赤道塔进入太空飞行了。

在齐奥尔科夫斯基之后，还有人提出过形形色色的登天设想。

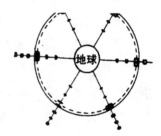

1860 年（波克罗夫斯基方案）宇宙梯

1982 年，苏联工程师尤尼茨基设想沿赤道建一道环形管子，让这道管子一会儿膨胀，一会儿收缩，它就可以不断地摆动起来。由于地球赤道的长度达 4 万多千米，这道管子只要伸长 2%～4%，它就可以升高到离地面几百、几千千米的高度，就可以把人员和物资送到在这些高度上飞行的航天器上去，也可把航天器上的人员和物资带回地面。

1977 年（波克罗夫斯基方案）宇宙链

一个叫马依波罗达的人提出，在地球赤道上建一座很长很高的桥，桥顶高出地面几百千米，远在大气层之上。如果让航天器沿桥面往

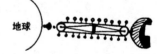

1978 年（阿福杰也夫和克里莫夫方案）太空传送装置

上驶，当到达桥顶时，不需要很大的动力，就可离开桥顶进入太空飞行。

我们知道，月球总是用同一面对着地球，因此，有人设想，如果在月球的这一面中央拴一条绳子，让绳子一直垂到地面，那么，沿着绳子

就可爬上月球。由于月球是沿着一条椭圆轨道绕地球
运行的，就是说，它有时离地球近，最近时，距离为
363300 千米；有时离地球远，最远时，距离为 405500
千米。如果绳子的长度为 363300 千米，那么，当月球
离地球最近时，篮子就正好到达地面。这时，人员和
物资进入篮子中，随着月球继续绕地球运行，篮子离
地面越来越高。到月球离地球最远时，篮子就升到
42200 千米的高空。因此，这个篮子可以给 42200 千
米轨道高度以下的航天器运送人员和物资。当然，也
可以给更高轨道上的航天器，甚至给月球基地运送人
员和物资，而且不用费力爬绳子，只要在绳子上安装
升降机就可以了。

1982 年
（尤尼茨基方
案）宇宙环

1984 年
（马依波罗达
方案）宇宙桥

那么，能不能在地球赤道上空运行的对地静止卫
星上，拴一条 36000 千米的绳子来运送燃料等物质，以便延长卫星的使
用寿命呢？答案是不能，除非在卫星的另一面，对称地拴一条同样长的
绳子，并使两边有同等重量。我们可以想一想，这是为什么？

你还有更奇妙的登天设想吗？

空间环境

地球表面以外为大气层空间。地球大气层按照大气的温度、密度和运动特征，可分为对流层、平流层、中间层、热层和外大气层（散逸层、外逸层）；按大气的电离程度，可分为中性层和电离层。在50千米以上的高空，空气已非常稀薄，这些空气在太阳辐射作用下电离，形成大量正离子和电子，特别是在200千米以上，经常存在浓度很高的电子。此外，还有宇宙尘和流星体。

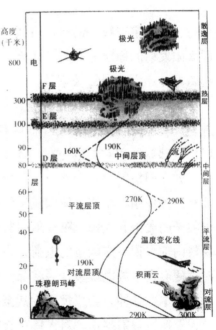

大气飞行环境

在地球大气层以外为"地球行星空间"。在那里有太阳电磁辐射（包括从γ射线到波长大于1000米的无线电波）、太阳宇宙线（太阳表面爆发喷射出来的高能粒子）、银河宇宙线，还有两个地球辐射带（由地球磁场俘获太阳发出的高能粒子形成）、宇宙尘和流星体。

在地球行星空间之外为太阳系行星际空间。在那里，除了太阳电磁

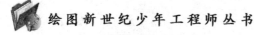

射线

辐射、太阳宇宙线、银河宇宙线、宇宙尘和流星体以外，还有太阳风，即太阳发射的稳定的等离子体流。当太阳耀斑爆发时，高速太阳风会引起磁爆，产生强烈的 X 射线。

除银河宇宙线的高能带电粒子因通量很低，对航天活动影响很小外，其余不仅对人体有害，而且对航天器的运行轨道、姿态、表面材料、内部器件和它们的电位，都会产生显著影响，还会影响无线电通信。如太阳辐射对航天器产生干扰力矩，宇宙尘和微流星体对航天器表面有沙蚀作用，小流星体和流星体可以击穿航天器。等离子体、高能带电粒子的轰击和太阳电磁辐射引起的光电子发射，使航天器表面和绝缘材料内部沉积一定数量的电荷，当电位差超过某些部件所能承受的电压时，便会发生放电现象，一些部件可能被击穿，放电电弧所产生的电磁干扰和电磁脉冲，会严重影响甚至破坏航天器的工作。高能带电粒子对航天器产生辐射损伤，对人体有直接危害。

在地球行星空间和行星际空间，尽管存在着各种辐射、宇宙尘和流星体，也可能有稀薄的（每立方厘米 0.1 个）氢原子存在，但仍然是高度真空的空间。我们知道，在地球大气中，每立方厘米含有 10000 兆个氮分子和氧分子。那种高度真空对航天活动有极大的影响。

地球行星空间和行星际空间是个非常寒冷的世界，温度低达两百多摄氏度。由于没有大气对太阳辐射热的对流、散射和反射，在轨道上飞行的航天器，受太阳光的直接照射，又可产生高达一百多摄氏度的高温。这种极端温度也对航天活动造成很大的影响。

此外，在人们的航天活动中，又给地球周围的空间留下了太空垃圾，那是由火箭废弃物和报废的卫星等航天器形成的，也对航天活动带来危害。

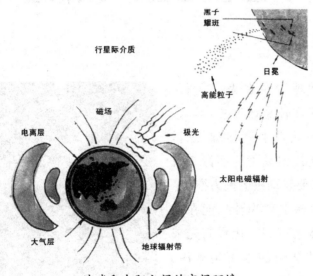

地球和太阳之间的空间环境

人造地球卫星的飞行原理

人造地球卫星在太空飞行，不像飞机那样任意改变方向，它总是在同一轨道上绕地球飞行，而且不需要任何动力，不像飞机那样始终需要发动机的推力推动。

人造地球卫星为什么能在轨道上绕地球飞行呢？让我们先来看一看杂技演员的水流星表演。只见演员用力甩动着绳头上拴着的盛着水的碗，水碗以演员握绳

美国大气环境探测卫星

的手为中心，以演员的手到碗的绳子长度为半径作圆周运动。我们可以看到，尽管水碗在运动中有时倾斜，有时碗口完全朝下，但是水却不会流出来。这是为什么？

我们知道，物体作圆周运动时，会产生离心惯性加速度，就好像有一股力量将物体向外推，它的大小与向心力相等，方向与向心力相反。正是这股力量将水压向碗底，所以水不会流出来。我们在日常生活中也会有这样的经验，沿着操场赛跑，在拐弯时，身体必须向里倾斜一点，以保持身体平衡，这就是用身体的倾斜来抵消离心惯性力。游乐场上的过山车，开到圆轨内面的顶点也不会掉下来，就是离心惯性力抵消了重力。

1. 水流星
2. 水流星想要飞行的方向
3、5. 水流星的轨道
4. 向心力
6. 细绳
7. 轨道
8. 卫星
9. 地球

卫星飞行原理

人造地球卫星绕地球飞行，它的原理与水流星是相同的；所不同的是，它的向心力不是演员拉绳子的拉力，而是地球的引力。当人造地球卫星的离心惯性力与地球的引力相等时，它就会绕地球飞行。

那么，人造地球卫星入轨后，为什么不再需要动力就可以绕地球飞行，而不像水流星表演那样，需要演员不时地用力甩动水碗呢？

大家都知道，物体都有惯性。科学家很早就发现，如果没有外力作用，静止的物体永远静止，运动的物体永远运动。在科学上这叫作惯性定律。人造地球卫星绕地球飞行，就是这种惯性运动。水流星与卫星不同，它除了受到离心惯性力和向心力（绳子的拉力）作用外，它还受到地球对它的引力；同时，它在运动时，还要受到空气的阻力。演员要不时地用力甩动，就是为了克服空气阻力和地球对它的引力。要是没有空气阻力和地球对它的引力，演员第一次甩动水碗后，只要拉着绳子，它就可以永远作圆周运动了。

杂技演员如果用力过猛，把绳子甩断了，也就是水碗的离心惯性力大于绳子的拉力（向心力），水碗就会直线飞出去。卫星也一样，如果火箭给它的速度过大，它的离心惯性力大于地球的引力，它就会离开地球飞走，只是它仍然受到太阳的引力作用，不是直线飞走，而是以抛物线或双曲线轨迹飞行。

人造地球卫星就像是被无形的"地球引力橡皮筋"拴着的水流星。

在人造地球卫星运行的轨道上，特别是低轨道上，还有稀薄的大气，加之其他影响，会使卫星的速度逐渐降低，因而脱离轨道，被地球引力吸引，向地面降落。在进入稠密大气层时，卫星因与空气剧烈摩擦，产生高温而被烧毁。

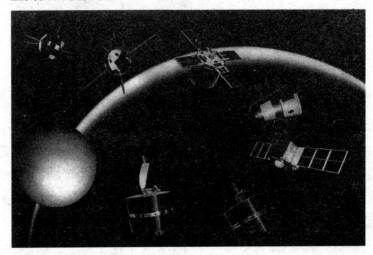

人造地球卫星的轨道

所谓卫星轨道，就是卫星飞行的轨迹。如果人造地球卫星的离心惯性力正好等于地球对它的引力，卫星则以圆形轨道绕地球飞行；如果惯性力稍大一些，则为椭圆形轨道；如果卫星飞行速度过小，卫星虽然到达太空，但入不了轨，拐弯后还会落向地面，这叫亚轨道飞行。当然，如果卫星飞行速度过大，它就会以抛物线或双曲线轨道飞离地球。

人造地球卫星的轨道非常繁杂。按形状分为圆轨道和椭圆轨道，按离地面的距离分为高轨道和低轨道，按地球的自转方向分为顺行轨道和逆行轨道，这中间还有一些特殊意义的轨道，如赤道轨道、极地轨道、地球同步轨道、对地静止轨道、太阳同步轨道等等。

多数卫星的轨道是椭圆形的，它的形状和大小由长轴和短轴决定。长短轴相等，即圆轨道；长短轴相差越多，椭圆形越扁长；长短轴的数值越大，轨道越高。卫星与地球最近和

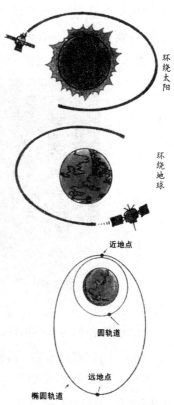

环绕太阳

环绕地球

近地点

圆轨道

远地点

椭圆轨道

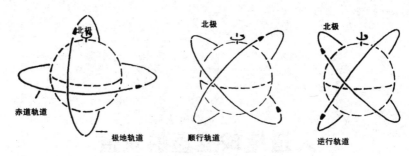

地球卫星的轨道

最远的一点分别叫近地点和远地点。

　　卫星轨道形成的平面叫轨道平面，它总是通过地心的。轨道平面与地球赤道形成的平面（叫赤道平面）的夹角叫倾角。倾角小于 90 度，为顺行轨道；大于 90 度为逆行轨道；等于 90 度，为极地轨道；倾角为 0，即轨道平面与赤道平面重合，为赤道轨道。

中国"实践二号"空间物理探测卫星

　　卫星绕地球一圈的时间叫运行周期。轨道高度为 35786 千米时，卫星的运行周期和地球的自转周期相同，这种卫星轨道叫地球同步轨道；如果地球同步轨道的倾角为零，则卫星正好在赤道上空，以与地球自转相同的角速度绕地球飞行，从地面上看去，好像是静止的，这种卫星轨道叫对地静止轨道，它是地球同步轨道的特例。对地静止轨道只有一条。

　　虽然卫星的轨道是不变的，但由于地球在自转，所以卫星轨道平面总是绕地球自转轴在旋转。如果卫星的轨道平面绕地球自转轴的旋转方向、角速度与地球绕太阳公转的方向和角速度相同，则它的轨道叫太阳同步轨道，太阳同步轨道为逆行轨道，倾角大于 90 度。

　　卫星轨道的选择，是根据卫星的任务和应用要求确定的。如对地面摄影的地球资源卫星、照相侦察卫星等常常采用近圆形的低轨道，通信卫星常常采用对地静止和地球同步轨道，为了节省发射卫星的能量，常采用顺行轨道；为了使卫星对全球进行观察，需要采用极地轨道；为使卫星始终在同一时刻飞过地球某地上空，或使卫星永远不进入地球阴影区，则需要采用太阳同步轨道等等。

人造地球卫星的跟踪和轨道测量

由于运载火箭不可能毫无偏差地把卫星送入预定轨道，所以卫星入轨后必须测出它的实际轨道来。同时，由于地球的梨形形状引起的重力变化，以及大气阻力和其他天体引力的干扰等，卫星的轨道也会逐渐变化（叫摄动），因此，需要对人造卫星的实际轨道进行测量。

卫星地面测控站担负着卫星的跟踪测量任务。根据几何学原理，只要知道卫星与地面测控站的距离、仰角和方位，就可知卫星在空间的位置。把不同时刻卫星的位置连起来，就是卫星的轨道。实际上，卫星的轨道测量，就是测量卫星与地面测控站之间的仰角、距离和相对速度，把测量值和准确的测量时刻记录下来，就可定出卫星的轨道。但关键

电波信号的多普勒效应

遥测天线

是如何跟踪卫星，要测量，就必须
能抓住它；所以卫星的轨道测量，
又叫跟踪测轨。

常用的跟踪方法有光学跟踪和
无线电跟踪两种，而无线电跟踪是
目前的主要方法。

常用的无线电跟踪方法有雷达
搜索和多普勒跟踪两种。

（美）跟踪与数据中继卫星

雷达搜索和跟踪卫星，与搜索和跟踪飞机的原理相同，只是卫星的
高度、速度和距离大得多，卫星将雷达发射的无线电脉冲信号反射回来
后，已经非常微弱，可能完全收不到。为解决这个问题，在卫星上安装
一个应答机，它接收到地面测控站雷达发来的无线电脉冲后，经过放
大，再发回地面测控站。测控站根据雷达发出信号的时刻和收到卫星发
回信号的时刻，就可算出测控站与卫星的距离，再根据雷达天线的仰角
和方位，就可算出卫星在空间的位置。

多普勒跟踪的原理是多普勒效应。
我们站在铁路旁，当一列火车鸣笛而
来时，它的汽笛声听起来越来越尖锐
刺耳，这是因为它的声波频率越来越
高，即波长越来越短；而它通过身旁
远去后，汽笛声逐渐变得低沉，因为
它的声波频率越来越低，即波长越来
越长。其实，火车汽笛发出的声音，
它的频率和波长是不变的。是火车的
运动，即发声体的运动影响声波的波
长，因而也影响到声波的频率，这就
是多普勒效应。多普勒效应的叙述是：

测控天线

由于观察者和波源的相对运动，使波在到达观察者时的频率和波离开波源时的频率发生差别。

运动物体的无线电波也有多普勒效应。在卫星上装一个发射无线电波的信标机，它不断地向地面发射频率不变的无

西安卫星测控中心

线电波，由于多普勒效应，当它向地面站飞来和离地面站远去时，无线电频率都要发生变化。测量这些变化，就可算出卫星在空间的位置。

除了用地面站对人造卫星进行跟踪测轨外，还可用轨道上的跟踪和数据中继卫星进行跟踪测轨。等距离分布在地球静止轨道上的三颗跟踪和数据中继卫星，可对 12000 千米轨道高度内的所有卫星，进行实时连续的跟踪和数据传送。

人造地球卫星的回收

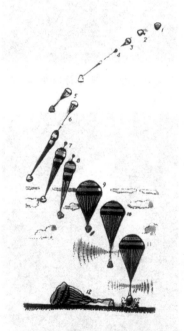

1 返回舱　2 弹射伞舱盖　3 大面积引导伞　4 小面积引导伞　5 稳定伞　6 稳定伞分离拉出主伞　7 主伞收口状开伞　8 主伞伞衣松口，完全张满　9 底部防热罩分离　10 转为对称悬挂姿态，信标机开机　11 缓冲火箭点火　12 主伞分离

"联盟"号飞船回收系统工作程序

　　让人造地球卫星返回地面，需要很高的技术。首先，要求运载火箭有很高的控制精度，能准确地把卫星送到预定的轨道，使卫星在飞行的最后一圈，正好经过预定的回收地区上空；其次，由于回收型卫星一般是低轨道卫星，受大气阻力和地球形状等影响，轨道会发生偏离，因此，必须有先进的遥测技术，精确地测算出卫星的实际轨道，然后才能确定在几时几分几秒向卫星发出返回指令；再其次，要求卫星和地面相

互配合，能使卫星准确地转变成返回姿态，这是卫星能否返回的关键，如 20 世纪 50 年代前苏联曾在一次回收卫星时，由于卫星姿态不对，在接到返回指令后，反推火箭把它推向了更高的轨道；最后，要求众多的仪器设备能准确无误地工作，以免失之毫厘，差之千里，或一着失误，全局皆输。

用直升机和舰艇进行海面回收

卫星在返回过程中，还必须闯过三关。第一是振动和过载关。由于卫星以近 8 千米/秒的速度进入稠密大气层，强大的气动阻力会使卫星受到巨大的冲击，从而产生巨大的过载，就像高速行驶的汽车撞在墙壁上一样；还有，反推火箭的点火和熄火，会产生剧烈的振动，卫星的结构和各种仪器设备必须承受得住。第二是耐高温关。卫星以 20 多倍于音速的高速度在大气中穿行，它周围的空气受到剧烈的压缩和摩擦，温度高达 8000～10000℃，卫星表面必须有有效的防热层，结构材料也必须有很好的耐热性能，否则会被烧为灰烬。第三是落地防撞关。卫星接近地面时，仍有几百米每秒的速度，降落伞和减震设备等必须保证卫星能安全回收，而不致被撞得粉身碎骨，信号装置也要能使回收人员容易发现卫星的落点踪迹。

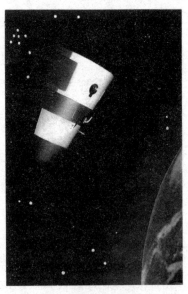

中国返回式卫星

卫星回收的程序，一般是：（1）精确测算卫星的轨道，确定开始回收程序的时间；（2）调整卫星成返回姿态，即再定向；（3）回收舱分离；（4）旋转火箭点火，自旋稳定；（5）反推火箭点火；（6）消旋；（7）再入大气层；（8）反推和自旋火箭分离；（9）弹射降落伞罩盘；（10）打开降落伞和抛掉防热罩；（11）回收。

由上可知，卫星的回收设备主要有反推火箭、自旋火箭、防热结构、降落伞和示踪设备。

回收的场合和方式有三种。一是陆地回收，降落伞使卫星以几米每秒的速度落地；二是空中回收，从飞机上用钩子勾住降落伞的绳子，将卫星收回；三是海上回收，卫星降落在海面上，借助密封装置漂浮，并施放海水染色剂，舰船或飞机随迹将卫星收回。

中国返回式卫星在四川境内安全返回

1975 年，我国继苏、美之后，成为第三个能回收卫星的国家。

人造地球卫星的通信功能

今日的人造地球卫星，可谓神通广大，无所不能。但从目前的应用卫星来说，归纳起来，主要是凭它的"顺风耳"、"千里眼"两大本领和微重力、高真空等环境优势，为人类的文明进步服务。

利用"顺风耳"本领进行工作的，有通信广播卫星、导航卫星、救援卫星、跟踪与数据中继卫星、无线电侦察卫星等。它们也可统称为通信类卫星。

通信类卫星在各类应用卫星中，是对社会影响最

国际通信卫星－Ⅴ

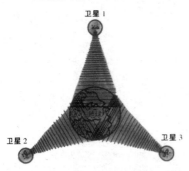

1945 年克拉克设想的地球同步轨道卫星全球通信

大、效益最显著的卫星。目前，通信广播卫星已承担了全世界 2/3 以上的国际电报、电话业务和几乎全部的洲际电视转播业务。正在兴起的，由数十颗低轨道卫星组成的移动通信系统，给任何移动体和个人的全球通信带来了极大的方便。导航卫星能为海洋上航行的船只、空中飞行的飞机、陆地上行驶的车辆、

勘测和探险人员，以及任何个人导航，定位精度可达到10～5米。海空航行、登山探险、沙漠考察、地质勘探等人员遇险，可以及时得到卫星的救援，大大提高了遇险人员的生还率。

地面上的长距离无线电通信和广播，由于受到地球曲面地形和高山、建筑等地物的障碍，需相隔几十千米设一个中转站，接力传送才能进行。卫星的优势在于站得高，在距地面35786千米的空间等距离设立三颗卫星，它们发射的电波就可覆盖全球，实现全球通信。

通信卫星就是设在空中的中转站。利用卫星进行通信广播时，卫星上的无线电波接收器接收地面上发来的载有通信或广播信号的电波（上行），再转发（下行）回地面其他地方。由于经过长距离的衰减，电波信号已非常微弱，故需要经过信号放大器放大，同时为了避免下行电波和上行电波相互干扰，还需要经过变频器改变电波频率。

中国通信卫星

导航卫星相当于天上的无线电导航台。它发出的电波基本上是垂直地穿越大气层，穿越大气层的路线短，受电离层的干扰影响小。由18颗卫星组成的"全球定位系统"，可使在地球上任何地点（包括陆地、海洋和大气层中）的用户，在任何时间中都可以确定自己所在的地理经纬度和高度。

跟踪和数据中继卫星，可对与地面

美国"子午仪—1B"导航卫星

上暂时无法直接联系的航天器（包括航天飞机）进行跟踪，并及时传递两者之间的数据通信。

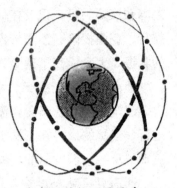

中高轨道航卫星星座

通信类卫星用途广泛，除通信、广播、导航、救援、侦察外，还可用于防盗报警、交通指挥调度、放牧、野生动物跟踪保护等等。

由卫星和地面光缆组成的信息高速公路，将对人类的通信、广播、远距离教育和医疗、异地上班、高效的金融商业等等，带来巨大的发展，是通向全球信息时代的广阔通道。

人造地球卫星的遥感功能

利用"千里眼"本领进行工作的，有气象卫星、地球资源探测卫星、环境监测卫星、照相侦察卫星等，它们也可统称为遥感类卫星。

遥感类卫星利用遥感设备对地球进行观察和探测，遥感设备就是它的"千里眼"。主要的遥感设备有可见光照相机、多光谱照相机、红外照相机和各种雷达。卫星上的这些遥感设备，就像一只只犀利的眼睛，凭借它的高空俯视和不受地形地物阻碍的优势，对地球表面状况和大气层中的变化，一览无遗，尽收眼底。可见光照相机可在白天拍照。红外照相机夜晚也可拍照，因为宇宙中的物质，除绝对零度的以外，都会向外发射红外线。雷达则可透过云层，穿过水面，甚至穿过一定厚度的沙层，对地表、水下和沙漠下的情况进行探测，然后用数据或胶片（回收型卫

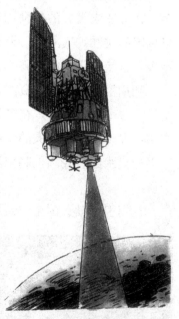

美国地球资源卫星

星）形式发给地面使用者。地面判读人员根据云图、气温、风速等预报天气；根据不同的红外线图像寻找地下资源，评估农作物长势和预报产量，发现森林虫害和火灾，监视火山爆发和环境污染情况，测算海洋水

温和浮游生物分布，以探测鱼群走向，预报渔汛，以及进行军事侦察等等。

利用气象卫星预报天气，给人类带来极大的好处。如台风对太平洋沿岸国家威胁很大，自从有了气象卫星以后，从未漏报过一次台风，大大减少了因台风造成的生命财产损失。1981年，我国长江上游连降大雨，河水猛涨，已超过警戒水位，防汛部门考虑是否应动用荆江分洪工程分洪，但这样一来，将有40万人需要搬迁，4万公顷良田将要被淹；而如果不分洪，大雨再继续，河水泛滥，将会造成更大的生命财产损失。在这举

法国斯波特地球资源卫星

棋难定的时候，气象部门根据气象卫星云图分析，作出大雨即将停止的预报，这使防汛部门决心不分洪，避免了分洪带来的损失。

利用卫星探测地球资源，给国民经济带来巨大效益。前苏联曾用卫星发现3个金刚石矿，在第聂伯—顿涅茨沼泽地区发现油田。美国卫星在南非发现世界上最大的镍矿，在撒哈拉大沙漠找到巨大的沙下古河道和多处淡水源。我国也利用卫星拍摄的照片，在北京石景山地区找到5个矿区。

利用卫星勘查国土、绘制地图，既准确，又快捷。用航空摄影勘查我国国土，需要拍100万张照片，花10年时间；而用卫星拍照，只要约500张照片，几天时间就可完成。我国利用卫星遥感，查明海岸线长度为18000千米，比1937年测量的长一倍；查清沿岸岛屿约5000个，比1937年统计的多

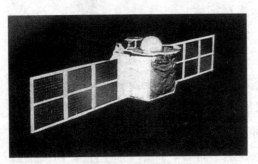

中国"风云一号"气象卫星

1700 个；核实耕地面积约为 1.25 亿公顷，比原统计多 0.25 亿公顷，等等。

利用卫星进行大地测量，可测出地壳的极微小漂移。如激光测地卫星可测出地壳 2 厘米的变化，可为预测地震提供依据。

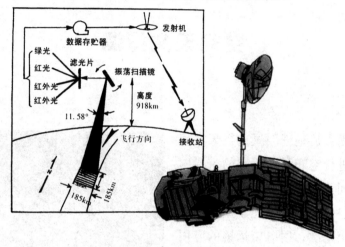

美国陆地卫星地球资源探测工作原理

空间天文探测

利用人造地球卫星进行天文探测，是进行空间科学研究的重要内容。空间天文学诞生以前，天文观测已有过两次飞跃，光学望远镜的应用是第一次；射电望远镜的应用是第二次。随着航天器的应用而诞生的空间天文学，是天文观测的第三次飞跃，也是最大的一次飞跃。

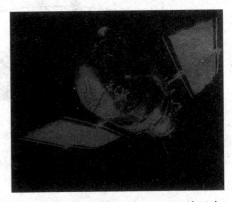

美国"哈勃"号空间望远镜开拓天文观测的新纪元

我们知道，大气层中的水和二氧化碳，强烈吸收天体射来的红外线；大气中的氧、臭氧和氮，强烈吸收天体射来的紫外线；低层大气的水汽，强烈吸收 X 射线和 γ 射线等短波电磁辐射；大气层的电离层则反射天体发出的甚长波。因此，地面上的射电望远镜，无法探测到天体发射的短波和甚长波，使我们得不到天体的完整光谱，也无法通过红外线和紫外线研究宇宙。而对光学望远镜来说，既受到云、雨、雾、雪等天气的限制，还受到大气对星光造成的闪烁、折射、散射和色散等的影响，折光会使观测到的天体位置与实际位置产生偏差，色散会使天体的颜色失真，同时，地球重力还会使望远镜的镜筒弯曲，给观测造成影响。所以，美国一名天文学家打比方说，透过地球大气层观察恒星，就像躺在湖底透过湖水看飞鸟一样困难。

　　在人造卫星等航天器上安装光学望远镜或射电望远镜进行天文观测，具有比地面上优越得多的条件。在那里既没有重力，又高居稠密大气层之上，没有大气层的干扰，光学望远镜的灵敏度大大改善，能更准确地观测到星体的几何形状和位置，更有利于研究它们的演化过程；射电望远镜可通过从短波到甚长波的整个电磁波段辐射对天体进行研究。

欧洲航天局红外空间观测卫星

　　有人通过计算认为，用太空望远镜进行天文观测，一种影响观测的面景辉光，要比在地面上减少 100 万～1000 万倍，从而使望远镜的红外敏感度提高约 1000 倍。1990 年 3 月由航天飞机送入太空的"哈勃"号光学反射望远镜，虽然主镜的直径只有 2.4 米，比地面上最大的 6 米直径的光学反射望远镜小得多，但观测距离却达 140 亿光年，是它的 7 倍，观测的宇宙空间范围大 350 倍，图像清晰度和分辨力都高 10 倍，可以观测到 29 等亮度的暗弱天体，相当于可以看到 500 千米以外的一支蜡烛光。

　　1983 年发射的红外天文卫星，一个月内观测到 4000 多个红外源，这相当于过去地面上观测到的红外源的总和。1987 年 2 月，"和平"号的"量子"天文舱观测到 1604 年以来的最大超新星爆发。"哈勃"望远镜还观测到太阳系以外行星以及黑洞等许多可能的证据。

　　在浩瀚的宇宙中，包藏着无穷的奥秘，如宇宙的年龄有多大？它是如何起源的？类星体总是后退而远离我们（即红移），也就是说宇宙在不断地膨胀，那么，它是继续膨胀下去，还是有一天转而收缩？黑洞能得到最后认证吗？太阳系以外的行星在哪里？存在地外文明吗？太阳到底有没有伴星和第 10 颗行星等等，这些正等待着空间天文学去揭示。

美国将发射的 X 射线天文卫星

人造地球卫星的军事应用

人造卫星在军事上除了用作军事通信、侦察、导航、气象、测地和海洋监视外，还可用作导弹预警、反卫星和反导弹。

人造卫星利用它的通信和遥感功能，进行军事通信、侦察、导航、气象、测地和海洋监视，与民用卫星的作用相同，只不过有时要求更迅速、更精确、更广

导弹预警卫星工作原理

泛；由于它为军事服务，因而也更机密。

对敌方的导弹，特别是在约 30 分钟内飞行万里的洲际导弹进行预警，是人造卫星的重要军事应用。由于受地球曲面的限制，地面预警雷达不能及时发现远处发射的洲际导弹，一般只能提供 15 分钟左右的预警时间，这要做好防备和反击洲际导弹的准备工作是很紧张的。利用人造卫星从空中进行监视，只要敌方的导弹点火起飞，就可以立即发现它，这就使预警时间增加到 30 分钟左右，赢得了多 1 倍的反击准备时间。

导弹预警卫星一般在同步轨道上，只要 3 颗卫星就可监视全球。导弹预警卫星装载着红外探测器和其他探测装置，它们能探测到上万千米

以外导弹尾部的喷焰，甚至能探测到飞航式导弹、战术地地导弹和飞机等小型目标。在海湾战争中，伊拉克发射的全部"飞毛腿"地地导弹，都没有逃脱美国预警侦察卫星的眼睛。

美国第三代预警卫星

人造卫星装载 X 射线探测器、γ 射线探测器和中子计数器等探测装置，就可监视地面和空中的核爆炸试验。

在 20 世纪 70 年代，前苏联曾用"宇宙"号系列卫星试验过反卫星卫星。它装炸药或不装炸药，靠红外线或无线电引导接近目标卫星，用炸药或直接撞击摧毁目标卫星。

美国"大鸟"侦察卫星

80 年代初，美国实施"星球大战计划"后，提出并试验过许多反卫星和反导弹的卫星技术。导弹的最大弱点在它的点火起飞和向上爬升阶段，因为这时导弹

卫星上的激光武器

喷射明亮的热焰，最容易被发现；导弹在稠密大气层中加速上升，经受巨大的过载，受攻击时最容易损坏；此外，运载火箭还没有脱落，目标大；还没有释放出子弹头，要打击的目标少，如果这时卫星从空中对导弹进行攻击，摧毁它的概率要大得多。

空中反导弹和反卫星的武器有两类，一类是激光和粒子束等定向能武器，它们以光速前进，很容易击中飞行中的导弹和军事卫星，虽不能把它们完全摧毁，但可以破坏它们的电子设备，使它们报废；另一类是动能武器，如灵巧导弹、电磁轨道炮和智能卵石等。它们的飞行速度可达 26 千米/秒，比导弹和卫星的速度快 3～4 倍，以这样高速飞行的塑料丸，也能穿透 2～3 厘米厚的钢板。因此，动能武器也很容易追上飞行中的导弹和卫星，并轻易地把它们摧毁。

大型粒子束武器

空间太阳能利用

用人造卫星开发太阳能，是与人造卫星的通信功能和遥感功能不同的一种功能。目前，已利用这种功能为卫星等航天器自身服务，那就是航天器上的太阳能电池帆板。它们用巨大的砷化镓等半导体材料制成的太阳能电池阵，将太阳的光能转变成电能，供航天器使用。未来的空间太阳能利用，将是为地面提供照明和电力。

卫星照明技术，就是通常说的"人造小月亮"和"人造小太阳"。

人造小月亮是地球静止轨道上的十几个反射镜，每个直径几百米，在夜间把太阳光反射到地面，为城市和野外作业提供照明。它的亮度可达满月光的 10 倍，每平方千米的受照区，每年可节约

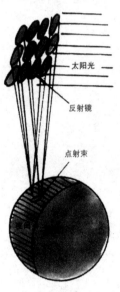

太阳光

反射镜

点射束

人造小月亮

石油 200 吨。1993 年 2 月 4 日，俄罗斯利用已完成任务的"进步 M15"号货运飞船，成功地进行了人造小月亮试验。它用直径 20 米的伞状反射镜，将是 2～3 倍满月亮度的、宽 4 千米的光带扫过欧洲好几个国家。1999 年 2 月，俄罗斯再次准备用"进步 M"型货运飞船进行"人造小月亮"试验时，由于反射伞没有打开而功亏一篑。

人造小太阳是反射镜面积达几万平方千米的人造卫星，它的反射光

亮度，可达太阳光的一半，可变局部地区的黑夜为白昼，用于提高气温，防止霜冻，增加农作物的产量，特别适合高纬度地区，以延长那里的无霜期；但使用它要慎重考虑是否破坏地球上的生态平衡。

卫星发电技术，就是通常说的太空电站。它是地球同步轨道上的面积巨大的阳光收集器（太阳能电池阵），将太阳光能转变为电能。建造太空电站，可以缓解地球上的能源危机和环境污染。

轨道上的太阳光收集器，受阳光照射的时间，可达全年的 99％；同时，太阳光没有被大气吸收反射等损失，效率比地面上高 5～10 倍。

造福人类的空间电站

太空电站的电能可转换成微波或激光发到地面。微波穿过大气和云层时不被吸收和反射，能量损失极少，但要求有巨大面积的地面接收设备。激光的波长短，发射的发散性很小，地面接收器的面积只有微波接收系统的 1/40，然而太空电站上由电能转换为激光的设备建造费很昂贵。

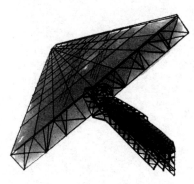

空间太阳能电站

美国航宇局和国家能源部计划建造的太空电站，太阳能电池阵宽约 50 千米，长约 100 千米，发出的电能转换成微波，发送到纽约州北部几个足球场大的地面微波接收场，然后再转换成电能供用户使用。微波的泄漏量控制在国际标准许可的范围内，每平方厘米不超过 10 毫瓦，飞机飞过微波束时也很安全。如果太空电站与地面失去联系，一种失效保险装置可使微波束在太空自行扩散，而不传到地面上来。预计到 2025 年，美国将在太空组装 100 座这样的电站，提供美国所需电力的 30%。

科学家们设想，将太空电站的电能转变成激光或微波，可用作宇宙航行的动力；此外，还可利用太阳光的光压来给航天器加速。这种航天器叫太阳帆，虽然光的压力很小，但长期作用，可使太阳帆提高速度，加速行驶。

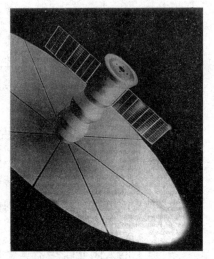

俄罗斯"进步 M15"号货运飞船在做人造小月亮试验

人造地球卫星的结构组成

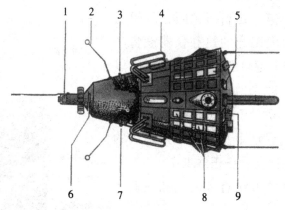

1. 磁强计
2. 离子捕获器
3. 电离测量仪
4. 天线
5. 微流星探测装置
6. 太阳电池
7. 磁场指示器
8. 温控光板
9. 太阳电池

（苏）"人造地球卫星三号"科学卫星结构图

人造卫星除安装有进行通信、遥感等特有设备外，都有共同的基本组成，即基本分系统。它们包括结构系统，温度控制系统，姿态控制系统，电源系统，无线电遥测、遥控和跟踪系统。对返回式卫星来说，还有回收系统等。

结构系统保证卫星有适当的强度和刚度，有一定的外形和容积，是整个卫星的承力骨架。结构系统由隔框、桁条、蒙皮和横梁等组成。横梁是安装仪器设备的基座，是主要的承力构件，发射时火箭的加速和返回时减速所产生的过载，大部分作用在横梁上。卫星的结构材料，要求密度小、强度和刚度高，以减轻它们的重量，同时要有良好的抗辐射和抗腐蚀性能。返回式卫星还要求有良好的防热结构和材料。

卫星在轨道上运行，太阳光的辐射热、地球反射太阳光的热和仪器设备产生的热，可能使卫星的温度达到100℃以上，而当卫星进入地球阴影区，没有太阳光照射时，温度又会低达－100℃。温度控制系统能保证卫星内部维持适当的温度，使各种仪器设备正常工作。

控制温度的方法有被动式和主动式两种。

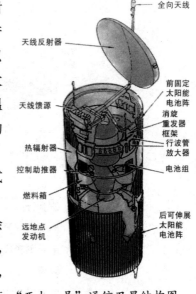

"亚太一号"通信卫星结构图

被动式包括多层隔热材料隔热和涂层、热管、相变材料温控等。热管温控，就是用具有极高的传热性能的密闭管道，把卫星的高温区和低温区连接起来，传递温度，使卫星达到近乎等温的状态；相变材料温控，利用相变材料在卫星温度升高时吸收热量熔化，在卫星温度降低时凝固而放出热量，以维持卫星的温度基本不变。

主动温控包括百叶窗、电加热器和流体循环换热等。

卫星在轨道上运行，必须保持一定的姿态，如资源卫星的遥感器和通信卫星的天线，必须始终对着地球，太阳望远镜必须对着太阳等等，而空气阻力、地球重力变化和卫星内部的运动机构产生的干扰力，都会使卫星的姿态发生变化。

姿态控制的方法，也有被动式和主动式两类。被动式有自旋稳定、重力梯度稳定和磁稳定等几种。主动式姿控由敏感器确定卫星的姿态的偏离量，然后传给控制器，经处理、变换和放大，再传给执行机构，纠正卫星的姿态偏差。

电源系统为卫星上的电子设备提供各种电源。目前卫星上的主要电源是太阳能电池和银锌蓄电池、镍镉蓄

电池、氢氧燃料电池等化学能电池，此外还有核电源。为了满足对各种电流（交流、直流、电脉冲）、电压的要求，卫星上还有电源交换器，如直流稳压器、交流换流器和脉冲源等。

卫星上的无线电遥测、遥控和跟踪系统，其作用是保证卫星与地面的联系，把卫星的位置和工作情况和成果报告地面，并接受地面的各项指令。

探测器

这里把对太阳、月球、行星、小行星和彗星等进行探测的无人航天器统称为探测器。

探测器的基本结构与人造地球卫星相同，所不同的是它们携带的探测仪器。

多数探测器飞近探测目标进行探测，进而围绕目标飞行，甚至向目标降落或在目标天体上着陆进行探测。探测器的出发地地球和被探测的天体都在运动，因此，探测器必须选择合理的飞行路线，以便最近、最省地飞向目标。

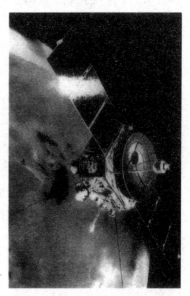

日本"行星－B"火星探测器

要使太阳探测器绕太阳飞行，是一件很方便的事，只要运载火箭使它的速度达到11.2千米/秒就可以了。不过，由于地球是在太阳赤道上空绕太阳运行，从地球上发射的太阳探测器只能对太阳赤道带进行探测，要想对太阳南、北极和高纬度区域进行探测，还得另想办法。如"尤利西斯"太阳探测器，就是先飞向木星，利用木星的巨大质量，改变飞行方向，飞向太阳南、北极进行探测。

发射行星探测器，只要运载火箭使它们的速度达到11.2千米/秒，进入绕太阳飞行的轨道，就可对各行星进行探测。若要探测器与目标行星会合，或绕目标行星飞行和在目标行星上着陆，则要选择适当的航线和发射时间。

"先驱者"号探测器

选择飞向目标行星的航线，目前有两种原则，一是能量最省，二是航程最短。

最小能量航线。由于地球和其他行星都绕太阳运行，而且轨道平面大致重叠，即大致在同一平面内绕太阳运行，只是半径大小不同而已，所以，行星探测器如果选择相切于地球轨道和目标行星轨道的椭圆形航线，就可以用最小的速度、最省的能量飞抵目标行星。目前的探测器都选择这种航线。

欧洲"乔托"号哈雷彗星探测器

行星探测器以最小能量航线飞向目标行星，它的出发日期要隔几个月或几年才有一次机会，如飞往水星4个月一次，飞往木星、土星、天王星、海王星和冥王星是每年一次，飞往金星1年7个月一次，飞往火星2年2个月一次。返回也一样。一个探测器要飞经几个行星进行探测，其出发的机会更少，如木星－土星－冥王星探测，99年一次；木星－土星－天王星－海王星或木星－天王星－海王星探测，178～179年一次。

短程航线。随着运载火箭能力的增大，可以在地球与目标行星会合的前后，让探测器以较大的速度，沿着大椭圆轨道以最短航线飞向目标行星。

彗星绕太阳运行的周期很长，而且与太阳（也就是与地球）接近的时间很短，彗星探测器只能在彗星飞近太阳时发射，选择与彗星交会的飞行轨道。

由于月球绕地球飞行，月球探测器可以直接飞向月球。

其实，探测器在绕地球飞行的轨道上，也可对太阳、行星、彗星乃至恒星、星系等进行探测，那就是天文卫星和空间望远镜之类了。

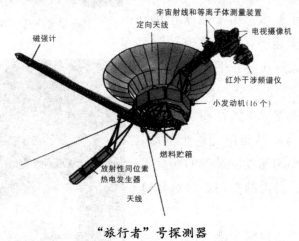

"旅行者"号探测器

太阳探测

太阳与地球及地球人类的关系非常密切，远远胜过母子关系。地球及地球人类对太阳的依存是永恒的，没有太阳就不会有地球和地球人类。而且，不管地球和地球人类多么成熟，任何时候，只要太阳打"喷嚏"，地球和地球人类就一定会"发烧"。

太阳的中心是核反应区，每秒有 6 亿吨氢发生核聚变反应，相当于 1000 亿个百万吨级的氢弹同时爆炸，产生的 6276 亿焦耳热，可立即把地球上的全部海水烧开。当然，以光辐射的形式到达地球大气层外的热能，只有总热能的 22 亿分之一，然后又有一半被大气层反射回去，到达地

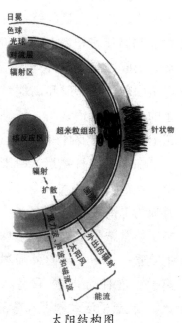

太阳结构图

球表面的只有总热能的 44 亿分之一。然而，正是这一点点热能，使地球人类能够繁衍生息，万物生机勃勃。这点热能也恰到好处，如果地球接受太阳的热能再少一点或再多一点，即地球与太阳的距离再近一点或再远一点，地球将变得像金星和火星那样荒凉寂寞，地球人类将不再存在。

在太阳的光球层，有些区域温度较低，颜色较暗，我们叫它"黑子"，有很强的磁场，这是气体活动造成的，叫"黑子活动"。黑子活动向外发射高能粒子，剧烈时，引起地球上电离层扰动和磁场暴发。

在太阳的色球层，常常发生能量爆发，出现明亮的闪光，这叫"耀斑爆发"，能量相当于100亿颗百万吨级的氢弹爆炸，产生大量的紫外线、X射线、γ射线和高能带电粒子。它们扰乱地球磁场，引起磁暴；破坏电离层，造成短波电信中断；强辐射和高能粒子流对地球上的生物和电信设备，特别是对正在轨道上飞行的航天器和航天员造成伤害。

在太阳的日冕层，由于气体对流摩擦，使温度升高到250万度，各种物质都成为电离度极高的离子。这些流动的离子体常常形成冕洞。它像喷气发动机的喷管一样，不断向外喷射高温磁化的离子。这种带电粒子流，叫作"太阳风"。在黑子活动剧烈和耀斑爆发时，太阳风最强劲。虽然地球的磁场像防风林带一样，阻挡了太阳风对地球的直接吹拂，但也常常引起磁暴和扰乱电离层，影响短波通信和人造卫星的正常运行，影响地球的气候。

航天员走出航天飞机，回收检修太阳活动峰年探测卫星

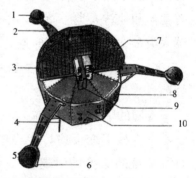

1. 压缩气体箱
2. 自旋稳定系统杆
3. 太阳能电池
4. 天线
5. 自旋加速喷嘴
6. 自旋减速喷嘴
7. 光学仪器
8. 蓄电池
9. 太阳探测仪器
10. 电子设备

轨道太阳观测卫星结构图

　　太阳与地球及地球人类的关系这样密切，所以人们一直在对太阳进行研究。航天时代开始后，已发射数十个航天器对太阳进行探测，著名的有太阳峰年探测卫星、太阳辐射监测卫星、轨道太阳观测站、太阳神探测器等等。20世纪90年代初发射的"尤利西斯"号太阳探测器，还对太阳南北极进行了探测，有许多新的发现。1995年12月又发射了"太阳和日光层观测台"，对太阳深层和大气进行深入的观测和研究。1996年2月美国航宇局又发射了一颗研究太阳极地的卫星。人们对太阳的探测和研究正在深入。

"尤利西斯"号太阳探测器

太阳系天体探测

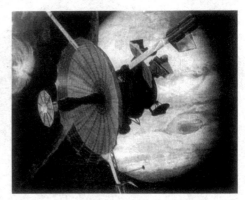

"伽利略"木星探测器

　　用航天器进行天体探测，除了能避开地球大气层对仪器设备的影响外，最大的优势在于它可以飞近探测目标，就近进行探测，甚至在目标天体上着陆，实地进行探测。目前，在太阳系九大行星中，除了冥王星以外，人们均已就近进行了探测。此外，人们还对月球等卫星、哈雷等彗星和一些小行星进行了探测。著名的探测器有"水手"号、"海盗"号、"金星"号、"火星"号、"先驱者"号、"旅行者"号、"麦哲伦"号、"伽利略"号、"金星－哈雷"号、"乔托"号、"维加"号和众多的月球探测器。其中前苏联的"金星"8号、9号、11号、12号、13号、14号和美国的"先锋金星1号"等探测器在金星着陆，美国"海盗"1号、2号和"火星探路者"号等探测器在火星着陆，"伽利略"号放出子探测器向木星降落，欧洲航天局的"乔托"号和"维加"号分别穿过哈雷彗星的慧发，前苏联的多个"月球"号、美国的"勘测者"号探测器，以及6艘"阿波罗"号载人飞船在月面上进行了探测和考察。

　　探测器飞向探测目标，一般分三个阶段。先是发射阶段，即从地面起飞到进入行星际飞行轨道；接着是自由飞行段，即进入行星际飞行轨道后，在太阳引力作用下，飞向目标天体；最后是降落阶段，即进入绕目标天体飞行或向目标天体降落。

要使探测器准确飞抵目标天体，必须对探测器的飞行轨道不断地进行控制和修正。发射控制（初制导）的一点点误差，也会对航行产生巨大的偏差。火星探测器的出发速度如有万分之一的误差，探测器将会偏离火星 10 万千米。但

"卡西尼"土星探测器

是，发射控制又不可能做到全无误差，这就需要在自由飞行段继续进行控制（中途控制或中制导）。目前，主要是通过天文导航或地面上的无线电制导来修正航线。自由飞行段时间较长，可以从容地进行控制。降落阶段的控制叫终点控制（末制导）。由于探测器已离地球很远，一般由探测器自行调整飞行航线，进入目标天体飞行的轨道，或向目标天体降落和着陆。

"金星 15 号"探测器

探测器的飞行时间较长，蓄电池无法满足电源要求。一般使用太阳能电池和核电源。水星、金星和火星离太阳较近，探测器又不会像人造地球卫星那样，有时会进入地球阴影区，使用太阳能电池，可以提供充足的电源。但对探测木星以远行星的探测器，由于距离太阳太远，太阳光已十分微弱，一般使用核电源，目前主要是用放射性同位素热发

电。如探测木星、天王星和海王星的"旅行者2号"探测器，就使用这种电源。

与探测器通信是一个困难问题。无线电波经过遥远距离的传播，已十分微弱。目前采用高增益的抛物面天线定向波来加强。即使这样，金星、火星探测器也不能进

"麦哲伦"号金星探测器

行直接摄像的电视转播，而只能传送不活动的照片。发展激光技术，是解决探测器通信问题的一种办法。

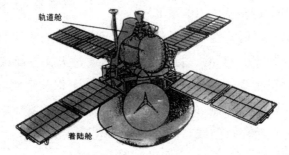

"海盗"号火星探测器

载人飞船

航天器在太空飞行，航天器上的环境就是太空环境，没有空气和水分、高寒或者高热，有宇宙辐射、微流星体和太空垃圾的危害等等。因此，载人飞船要比人造地球卫星和探测器复杂得多，它必须要创造一个人造环境，能使人在太空正常生

"东方号"宇宙飞船

活和工作，这就必须解决食物、空气和水的供应问题，宇宙线、微流星体和太空垃圾的防护问题。人是必须返回地面的，因此还需要再入、返回和着陆设备。

载人飞船上维持人的正常生活的设备，叫生命保障系统，主要是密封座舱和舱外活动航天服。每人每天约需要 0.9 千克氧，0.5 千克食物和 2～3 千克水（洗涤用水除外）。短期飞行用地面上带去的高压氧瓶、低压液氧和固体超氧化物供氧，食物和水也从地面上带去。长期飞行则需要尽量回收废水，重复使用，还需要建立由人—动物—植物组成的小型密闭生态循环系统，提供食物和氧气。

在航天器上，还有一个特有的环境条件，那就是失重，准确地说，

是微重力。

微重力的产生，是由于航天器绕天体飞行，它的离心惯性力正好抵消（平衡）了天体的重力（引力），所以在航天器的中心线上重力为零（零重力），在其他地方为微重力。

"联盟号"飞船

人们可以利用航天器上具有的宇宙辐射、极端低温和高真空等条件，进行许多科学研究和实验。但是，航天器上最有科学价值的环境条件是微重力。失重和微重力可引起物质和生命组织的千般变化，改变物理、化学的演变过程。因此，人们常把失重比做变化多端、神秘莫测的潘多拉盒子。比如，失重环境可引起人体骨骼脱钙、体液上涌、肌肉萎缩和前庭器官功能紊乱等生理变化；长期在太空失重环境中生活，会引发各种航天运动病。但是，人们更可以利用太空飞行提供的微重力环境，进行千千万万物理、化学和生命科学实验，生产地面上不能生产的新材料和药物，如不同比重成分的合金材料、纯净的昂贵药物的生产和新物种的培养等等。

"阿波罗"登月飞船

自 1961 年以来，前苏联及俄罗斯已发射"东方""上升""联盟""联盟 T""联盟 TM"型飞船近百艘，美国发射"水星""双子星座"和"阿波罗"飞船 30 艘，航天飞机载人飞行 70 余次。航天员在宇宙飞船上进行了大量的科学实验和考察活动。

载人航天是实现宇宙航行最终目标的核心。因而，载人航天是最激动人心的航天活动。但目前的载人飞船还只能载运人员在地球周围活动，与未来冲出太阳系的宇宙飞船相比，无论在规模上还是功能上都是十分原始的。

"双子星座"飞船

航天站

航天站又叫空间站、轨道站和空间轨道站。与飞船相比，它是较大型的载人航天器。目前是低轨道航天站，在固定的轨道上运行。与宇宙飞船不同，航天站发射入轨后，不能再返回地面。航天站除了有与卫星和探测器相同的结构部分外，还有生命保障系统、实验室和各种科学实验设备，如天文观测、空间科学研究、医学和生物学研究实验设备，对地观察设备，利用空间真空和失重环境生产特殊材料和药物的加工制造设备等；还有对接设备，可使宇宙飞船和航天飞机对接，以便为飞船运送人员和物资。

1971 年，前苏联发射了第一个航天站——"礼炮1号"，以后又陆续发射了"礼炮"2～7 号航天站。1986 年又发射了"和平号"航天站，至今仍在

"礼炮6号"航天站（前后分别对接着"联盟"型载人飞船和"进步"型货运飞船）

轨道上运行。先后有 90 多艘载人飞船、航天飞机与这些航天站对接，二百多人次航天员在站上开展了生物医学、材料工艺等科学实验，进行了对地观测和天文观测等活动；几十艘"进步"号货运飞船为它们运送了物资。

"和平"号航天站有 6 个对接口，先后对接了 5 个专业舱，它们是

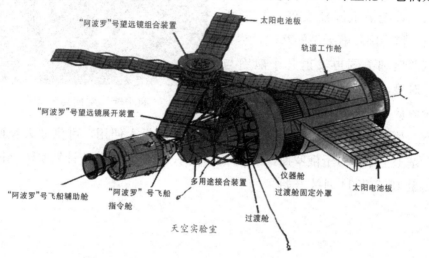

天空实验室

"量子号"天体物理舱、"量子 2 号"公用支援舱、"晶体号"微重力材料研究舱、"光谱号"遥感舱、"自然号"地球观测舱。10 年中绕地球飞行 57137 圈，先后接待各种航天器 78 艘，56 人登上航天站，其中波利亚科夫创造了 439 天的飞行记录，平均每个月约进行 30 项各种试验。到 1999 年 2 月，"和平号"航天站已飞满了 13 年。

美国于 1973 年发射了实验性航天站"天空实验室"，先后有 3 艘"阿波罗号"飞船与它对接，9 名航天员在上面对地球和太阳进行了考察。目前，美国正在主持国际航天站的建造。参加国际航天站建造的有俄罗斯、欧洲航天局各国、日本和加拿大等国。

国际航天站总长 87 米，重 377 吨。建造进程分三个阶段进行。第一阶段从 1994 年开始，美国和其他参与国派航天员到俄罗斯"和平号"

航天站工作，获得长期进行太空科学实验的经验；航天飞机与"和平号"航天站交会对接，演练航天飞机与国际航天站空间交会和对接的技术。第二阶段从1997年开始，首先由俄罗斯发射多功能货舱，作为国际航天站的基础，然后俄罗斯和美国再发射几个舱室与它对接，组成过渡性航天站。第三阶段从1998年开始，发射其他舱

"和平号"空间站

室。预计2002年6月组装完毕，国际航天站投入使用，可供6人长期在站上工作。由于俄罗斯经济困难等原因，第二阶段建造计划实际上推迟至1998年11月才开始。

航天器的太空交会和对接

在轨道上装配航天站，必须掌握两个航天器的太空交会和对接技术。茫茫太空，要使两个航天器在同一轨道上会合并对接起来，是很不容易的。但这又是必不可少的，因为大质量的航天器不可能被一次发送上天。未来的空间城、月球和火星交通运输飞行器等，都少不了太空交会和对接。它也是航天器的回收、补给、维修、航天员替换及营救等轨道服务的先决条件。交会、对接的两个航天器分别叫作追踪航天器和目标航天器。

在载人航天初期，美、苏两个航天大国就开始演练太空交会和对接技术。1962 年 8 月12 日，前苏联"东方 3 号"和"东方 4 号"载人飞船首次编队飞行。1965 年 12 月 15 日，美国"双子星座 6 号"和"双子星座 7 号"飞船首次太空交会。

"和平号"与航天飞机对接

1975 年 7 月 17 日，美国"阿波罗号"和前苏联"联盟号"飞船，实现了从两个不同发射场发射的航天器的交会和对接。1984 年 4 月，"挑战者号"航天飞机与"太阳峰年观测卫星"交会后，将它收回货舱中进行修理。1987 年 2 月 8 日，前苏联"联盟 TM2 号"飞船与"和平号"航天站实现了自动对接。1995年6月29日，美国"阿特兰蒂斯号"航天飞机与俄罗斯"和平号"航天站对接，为阿尔法国际航天站的轨道装配做准备。

俄罗斯"和平号"航天站

交会对接过程一般分为4个阶段，即地面导引、自动寻的、接近和停靠、对接合拢。

在导引阶段，追踪航天器在地面控制中心的操纵下，经过若干次变轨机动，接近目标航天器（距离一般为15千米～100千米），使追踪航天器上的敏感器能捕获到目标航天器。

在自动寻的阶段，追踪航天器上的微波和激光等敏感器，测量目标航天器的相对运动数据，并自动引导到初始瞄准点（距目标航天器0.5千米～1千米）。

在接近和停靠阶段，追踪航天器首先捕获目标航天器的对接轴，当对接轴线不沿轨道飞行方向时，要求追踪航天器在轨道平面外进行机动

"阿波罗号"与"联盟号"对接

绕飞，以进入对接走廊，此时两个航天器相距约 100 米，相对速度约 3 米/秒～1 米/秒。追踪航天器根据精确测量的两个航天器的距离、相对速度和姿态，启动小发动机机动飞行，沿着对接走廊向目标航天器逼近，以 0.15 米/秒～0.18 米/秒的速度与目标航天器相撞停靠。

在对接合拢阶段，首先关闭发动机，然后利用对接装置的抓手、缓冲器、传力机构和锁紧机构，使两个航天器在结构上实现硬连接，完成信息传输总线、电源线和流体管线的连接。

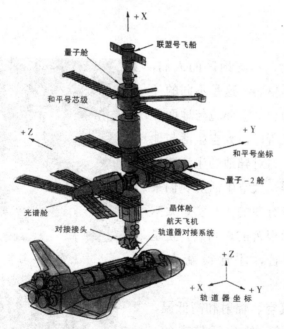

美国航天飞机与俄罗斯"和平号"航天站太空大对接

太空生活（一）

在地球上，不同地区的人们，生活方式差别很大。这是不同的环境条件造成的。太空环境与地面环境迥然不同，所以，太空生活与地面生活迥异。与对异地的生活感到新鲜有趣一样，太空生活对我们来说，也是新奇有趣的。其实，太空生活是陌生而艰苦的。当然，正是这陌生而艰苦，才觉得新奇而有趣。

太空食品与餐具

太空的真空、辐射和高低温，是严酷的环境，给生活带来的、更多的是艰苦；而航天器上的失重环境，给生活带来的、更多的则是有趣，因为失重给许多物理规律造成了魔术般的变化。当然，在失重环境中生活也是很累人的。

在航天飞机上进餐

由于失重，衣服可以展开悬在空中，等待你的手臂穿进去，非常方便有趣。但太空穿衣的本质，是防止真空、辐射和高低温对生命的伤害。在密封座舱中生活，由于有与地面上大致相同的环境条件，所以在那里穿的衣服，与地面大致相同。如果走出座舱，则必须穿舱外活动航天服，由于它非常复杂，就非有人帮助不可了，就像小孩穿衣，需要大人帮助一样。

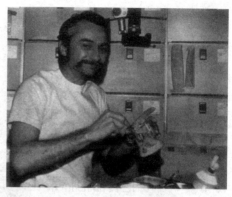

天空实验室的航天员在吃饭

在失重环境中，饮料和食品不会老实地待在杯盘中，稍受外力，就会到处飘飞，迷眼钻鼻，损坏仪器设备。所以早期的饮料必须装在封闭容器中，用吸管吸食，食品则做成糊状装在软管中，食用时像挤牙膏一样往嘴里挤。在失重环境中，本来就会使人味觉失调，对这种感觉不到香、色、形的食品，自然引不起食欲。

太空饮食的本质，仍然是保证航天员的营养要求，所以航天饮料和食品，要易于消化和吸收，残渣少，在37℃下存放6个月不腐烂变质；形状和包装便于在失重环境中食用；必须适合航天员的胃口。除此之外，航天饮料和食品，还必须体积小、重量轻，便于运输和贮藏。

根据这些要求，后来又有了压缩方块式食品，像方块糖那么大，食用时不需再作任何处理，不掉屑，一口一块，非常方便；还有经冷冻、升华干燥的脱水食品，薄膜包装，食用时注水，能迅速地恢复固有的形状和颜色；还有软包装罐藏食品，具有一定的粘性，放在盘中不会飞走，可像地面上一样用刀叉和筷子食用。

吸软管中的面包糊

如今的载人航天器上，有具有磁性等性能的特制餐桌，能固定住杯、盘、刀、叉、匙等餐具，还装有水冷却器和加热器。用餐时，先将身体固定好，以免飘浮。进食动作要轻柔，调节好呼吸节奏，不要把食品的碎末吹飞。不张嘴嚼食物，最好用鼻呼吸，以免将食物从嘴中喷出。

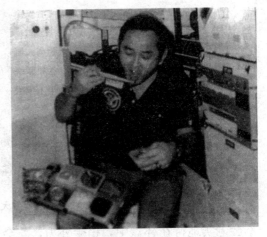

航天员用筷子吃饭

在太空，腾不出双手来时也可进食，如把方块食品、剥了皮的香蕉，甚至一团饮料悬在空中，张嘴咬或吸食就可以了。

太空生活（二）

太空失重环境、快速交替的昼夜节奏和噪声干扰等因素，使太空睡眠变得饶有趣味。

首先，不管是什么地方都可以睡眠，如靠着墙壁、躺在床上、飘在空中都可以。不过，为了安全，最好钻进睡袋中睡，同时用皮带将人和睡袋固定在墙壁或床铺上；或用双层充气袋，对人体造成压力，这不仅

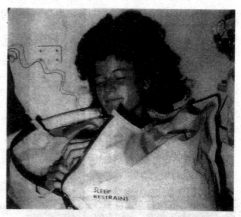

美国女航天员赖德在睡袋里休息

可以改善血液循环，还可以消除一种飘飘然的自由下落感，使人感到像是在地面上睡眠一样。

其次，不管是平躺着、直立着、倒挂着、卷曲着，什么姿势都可以睡眠。不过，为了防止腰背病，还是后背伸直睡眠好，同时，手臂应该放进睡袋中，拉上拉锁。有一次，一名航天员将手臂放在睡袋外睡眠，醒来时在朦胧中发现有两个"怪物"迎面向他飘来，吓出一身冷汗。原来在失重环境中，一切重量消失了，头、四肢有与躯体分离的感觉。手臂放在睡袋中，还可以避免无意中碰着仪器开关。

睡眠时最好戴上眼罩。因为现时的载人航天器，一般 90 分钟左右

绕地球一圈，如果睡眠 8 小时的话，有 5～6 个昼夜交替，如果不用眼罩遮光，白昼的阳光会影响睡眠。

睡眠时还应戴上隔音帽或耳塞，因为人们是轮班工作的，各种仪器设备在不停地工作，它们发出的噪声会影响睡眠。

在太空洗漱也是很艰难而有趣的。用牙膏刷牙，牙刷一动，泡沫就会飞溅起来，所以一般用卫生纸等清理牙齿。为了不使洗脸水飘飞，一般只用湿毛巾擦脸。洗澡更困难，短时太空生活，也只能用湿毛巾擦身。长期太空生活，一般一个月才能享受一次淋浴，因为太空

（左）航天员在工作（右）航天员在休息

用水非常昂贵。太空淋浴，说是享受，不如说是一场劳动。因为为了防止水飘飞，沐浴要在临时拉起的封闭圆布软筒中进行，水用压力从上面喷出，冲在身上会把人打翻，所以脚要固定住。水的压力丧失后，它会附在身上，遮住眼睛，堵住嘴鼻，所以洗澡时最好戴上防毒面具一样的口鼻罩，防止被水溺死，同时吸进氧气。用过的废水不会自动向下流，所以还要用水泵从下面将废水抽走。附在圆布筒上的水珠，需要用吸尘器一点一点地吸走。一次淋浴的时间约 15 分钟，但准备和清理污水的时间需要一两个小时。

太空淋浴

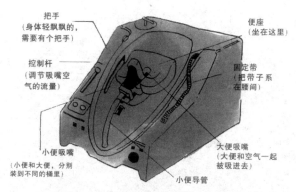

把手
（身体轻飘飘的，
需要有个把手）

便座
（坐在这里）

控制杆
（调节吸嘴空
气的流量）

固定带
（把带子系
在腰间）

小便吸嘴
（小便和大便，分别
装到不同的桶里）

大便吸嘴
（大便和空气一起
被吸进去）

小便导管

航天飞机休息舱里的厕所（带门）

在太空大小便也很麻烦。早期将便袋用胶布粘在臀部上，稍有不慎，便袋脱落，不仅粪便会到处乱飘，而且会在同事面前出丑。尤其是女航天员的大小便更困难一些。现在已研制出男女都适用的太空马桶。它是在地面上经过许多妇女志愿者的大量试用演示，并由工程师和科学家对演示录像进行大量的科学研究后，才研制出来的，来之不易。

太空生活（三）

太空行走，在不同场合，情形很不相同。在密封座舱中，由于失重，人处在飘浮状态，只要用脚、手或身体的任何部位，触一下舱壁等固定的物体，借助反作用力就可以到达任何地方，飘在空中用四肢划动也可前进。在航天器外壳，可以攀沿移动，但必须穿舱外活动航天服，防止真空、辐射和微流星体等的伤害。在月面上行走，由于

从"上升2号"飞船第一次步入太空的列昂诺夫

那里的重力只有地球的 1/6，又没有空气，虽然双脚踩地，但走起来轻飘飘的，一蹬地会弹得老高，一步能跨出很远。用双脚轮流迈步，走起来会很别扭，不如像袋鼠一样双脚并拢着蹦跳，会更自然舒适一些。在空旷的宇宙中行走，是一件

宇航员在月面上行走

非常复杂的事，要做好充分准备。

第一，宇航员出舱前必须吸纯氧排氮，以防止减压病。目前，航天器的密封座舱，均采用以氮氧为主的混合气体，供宇航员自由呼吸。吸进体内的氮气，溶解在血液和脂肪组织中。由于舱外活动航天服内的气压，比密封座舱中的气压低得多，穿着它出舱后，体内的氮气就会游离出来，形成气泡，堵塞血管、压迫局部组织和形成气胸。

第二，必须配备太空机动器，即喷气背包。因走出座舱，仍处于失重状态，在太空中又四肢无着，没有任何能产生反作用的物体存在，只有靠喷气背包喷气的反作用力来移动位置。

第三，太空是真空，没有传播声波的媒介，因此需要携带通信背包，用无线电与各方联系。

第四，舱外活动航天服必须具备一切保护生命的功能。早期的舱外行走，还有一条保险索（安全带）与航天器相连。

第五，太空行走是有风险的。太空广阔无垠，没有任何物体可作参照物，很难判断速度的快慢、物体的大小和远近。美国航天员第一次走出航天飞机，不系安全带行走时，本想离航天飞机近一些，可实际上还在往远处走。1965 年 3 月，苏联航天员列昂诺夫进行首次太空行走返回时，被膨大的航天服卡在舱外进不来。1988 年，法国航天员克雷蒂安，在进行了 6 个小时的太空行走后，累得筋疲力尽，在别人帮助下才返回座舱。因此，要有应付太空风险的充分准备。

舱外活动航天服

在太空失重环境中生活，会产生骨质脱钙等多种病变，因此，太空体育锻炼是必不可少的。但太空体育锻炼受到场地、失重等的限制，地面上绝大多数体育锻炼项目都无法进行。目前主要的锻炼方法和器材有固定的自行车练功器、转动履带式微型跑道、弹簧拉力器和徒手体操，还有一种准体育器材，即负压裤子，穿着后，由于压力低，可使往上涌的血液流向下肢，避免下身病变。

太空机动器

太空科学实验和太空产业

航天器飞行提供的超高度真空、强辐射、失重和微重力环境，可以进行许多地面上难以进行的科学实验和药物及工业产品生产。

真空和微重力等环境是一种宝贵的资源。高真空和超高真空提供超洁净条件，而微重力则提供重力影响很微弱的极端物理条

太空青椒（左）与普通青椒对照

件。在高真空和微重力环境中进行生命和生物科学实验，不会有有机物污染、发生混入或测定错误，细菌等实验用的微生物不会到处扩散，十分安全。

在失重或微重力环境中，由重力引起的自然对流基本消失，扩散过程成为主要因素；流体中的浮力基本消失，不同液体密度引起的组分分离和沉浮现象消失，液体仅由表面张力约束；润湿和毛细现象加剧；流体静压消失。总之，由重力

在实验舱利用太空环境进行各种实验

引起的不利因素几乎消除。利用这些非常理想的环境，可以开展微重力技术物理、微重力生物学和微重力生命科学的研究，进行加工工艺试验和生产制造，以及其他微重力应用的试验研究。

太空工厂

利用真空、辐射和微重力环境，可进行太空诱变育种。我国利用返回式卫星搭载农作物种子，已培养出优良的水稻、小麦、青椒和西红柿等品种，产量和品质都大大提高，是解决"菜篮子"和"米袋子"问题的新途径。

在零重力或微重力条件下，可进行无容器冶炼，这时不会有任何杂质混入，可以获得高品质的合金；可将不同比重的金属或非金属均匀地混合，获得新型合金材料；可以克服地面加工存在

太空车间

的组分过冷起伏和密度大等缺陷，生产出高质量、大直径的单晶体砷化镓等半导体材料；可以生产百分之百圆度的轴承滚珠等圆球形工业产品，而在地面上，由于重力的影响，轴承滚珠等总不是真正的球形。

太空制药是真空和微重力环境利用的重要方面。在地面上制药，由于地球重力作用，培养物

在太空进行实验操作

会发生沉淀，处在沉淀中的微生物会因缺氧而死亡，如果输氧搅拌，所形成的低压小气泡又会破坏细胞；如果加防泡剂，则会降低氧的溶解度，有碍微生物的繁殖，形成恶性循环。而在微重力环境中，培养液中含有大量的气泡，也不会沉淀，微生物可随时获得氧气，生长速度比地面快一倍以上，可高效率、高纯度地制造许多药物，如治疗烧伤的表皮生长素、治疗贫血的红血球生长素、治疗肺气肿的胰蛋白酶抑制素、防治病毒感染的免疫血清、治疗血栓的尿激酶、治疗血友病的抗溶血因子－8、治疗糖尿病的β细胞、治疗癌症的干扰素等达40多种。主要的制药方法是电泳法，将组分不同的混合物在直流电场作用下，精确地分离成不同成分。太空制药，有可能成为首批太空产业。

探测太阳系外行星

探测太阳系以外的智慧生物（又叫地外文明、外星人），是一件激动人心的事情，人们已做了许多工作，如监听外星人的无线电信息、给外星人发电报、用航天器传递人类的"名片"和有关地球及人类的声像制品等。但探测地外文明也是一件十分复杂的事情，或许要从最基本的开始，那就是探测地外智慧生物的繁衍地——行星。除地球以外的太阳系行星和它的卫星，虽然火星、木卫二、土卫六等存在生命之谜，但已可以断定，没有智

慧生物存在，而我们对太阳系以外行星的资料，在 20 世纪 90 年代以前，可以说还是空白。

那么，我们怎样探测太阳系以外的行星呢？

由于行星处在恒星的强烈光芒之中，用光学望远镜探测太阳系外的行星，就像要看清几万千米以外一个强烈探照灯旁的飞蛾，所以很难用可见光直接观测到。一般可用红外线或行星表面特有的吸收光谱进行观

测，此外还可通过恒星的自
行、光度变化和视向速度等
间接地寻找恒星周围的行
星。当然，这是很复杂的天
文观测问题，这里不能
细说。

通过科学家的努力，近
年来在行星探测方面，已取

地面看到的飞马座

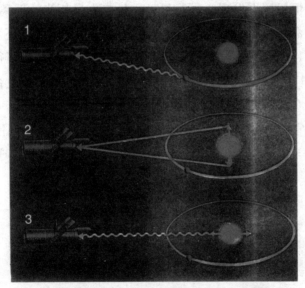

1. 直接测定法，由于行星与恒星的光度差很大，
用可见光观测很难掌握，一般用红外线观测或用仅仅
存在于行星表面的分子的吸收光谱观测。

2. 自行测定法。由于行星的影响，恒星会产生自
行。距离越远，自行量越小，越难测定，故采用探测
近距恒星周围的行星。

3. 视向测定法。有行星存在的恒星，由于行星的
影响，视向速度会发生变化，由星光仪测量这种速度
变化产生的多普勒效应，就可探测到它周围的行星。

探测行星的方法

得了突破。1995年10月6日，瑞士天文学家米歇尔·迈耶等人宣称，他们在距地球40～42光年的飞马座51号星周围发现一颗行星，其质量和体积约分别是地球的150倍和1000倍。1996年1月，美国天文学家杰弗里·马西等人宣称，他们在距地球35光年的室女座70号星和大熊座47号星周围各发现一颗行星，大小分别为木星的9倍和3倍，没有固体表面，表面温度分别为85℃和－80℃，复杂有机分子可以存活，特别是在它们的卫星上，可能有构成生命的物质存在。1996年4月13日，美国天文学家保罗·巴特勒和马西宣称，他们在距地球45光年的巨蟹座一颗恒星周围发现一颗行星，质量与木星相当，但离恒星太近，不可能有生命存在。根据观测数据分析，在这颗恒星周围还可能有一颗行星存在。1996年6月12日，美国天文学家乔治·加特伍德宣称，他在分析了66年的观测数据后，发现距地球8.1光年的拉兰德21185星周围，至少有两颗行星，质量比木星略大和略小。1997年4月25日，美国科学家宣称，在距地球50光年的北冕座的一颗恒星周围发现一颗行星，大小与木星相当，但距恒星太近，表面温度约为260℃，不大可能形成生命。

这些行星的发现，将促使人们去发现更多的行星。

探测地外生命

到目前为止，还没有获得任何地外文明的信息，看来这不是一蹴而就的事。我们似乎应该在行星探测的基础上，首先探测行星上的低级生命和构成生命的有机物质。

1996 年 8 月 6 日，美国航宇局的戴维·麦凯宣布，在 13000 年前落到地球的一块火星陨石（"阿兰山84001"，1600 万年前脱离火星）上，发现 36 亿年前的单细胞生命的痕迹。火星生命之谜再次引起人们的极大关注。稍后，科学家们通过对"伽利略号"木星探测器的探测资料分析，发现在木卫二的冰层下面，可能有低级生命在发展。

"阿兰山 84001" 火星陨石

"阿兰山 84001" 陨石的管状和泪滴状化石

火星离地球较近，可以通过从火星上取回岩石和土壤样品，来进一步揭示火星生命之谜。木卫二等离地球较远的卫星和行星的生命之谜，需要用其他办法去探测。这是一个复杂的科学问题，探测方法也在不断创新。这里介绍几种已有的探测方法和仪器装置。

光学旋转弥散分布仪。它是一个带有旋转探照灯的实验探测器，用射出的光束来寻找有机分子。我们知道，构成生命的 DNA 中，有一种糖－腺嘌呤成分，它具有"光学活性"，即遇到偏振光时，会把光束挡住。将光学旋转弥散分布仪送到目标行星或卫星上，

"阿兰山 84001"陨石化石中的多环芳香烃有机分子

让探照灯发出的偏振光遍地弥散，当遇到糖－腺嘌呤，光束被挡住时，就会产生一个信号。如果仪器发出这种信号，就说明有构成生命的有机物质存在。

放射性同位素生化探测器（格列弗）。它会朝不同方向伸出几条长长的带粘性的绳索，几分钟后，这些绳索又会自动地缩回，并将粘住的物质分别放入各种培养液中，进行生化实验。如在培养液中加入放射性同位素^{14}C，若放入这种培养液的物质中有微生物存在，它会因新陈代谢作用而产生二氧化碳气体，这一气体必然会沾染^{14}C的放射性。如果测量仪器测量到带^{14}C放射性的二氧化碳气体，就说明目标行星或卫星上有微生物存在。

细菌探测器（沃尔夫行星取样装置）。这种装置在目标行星或卫星上软着陆后，自动地向地面伸出一支真空管。真空管的端部有意做得非常脆弱，当它

在火星上着陆进行生命探测实验的"海盗"号探测器

接触地面时会立即破裂，将地面上的各种物质吸入管中。然后，这些物质被放入培养液中。如果这些物质中有细菌，细菌就会在培养液中迅速繁殖。由于细菌的繁殖，培养液会变浑浊，酸碱度也会发生变化。用光束和光电管测出浊度，用 pH 电测装置测出酸碱度，就可判断目标行星或卫星上是不是有生命存在。

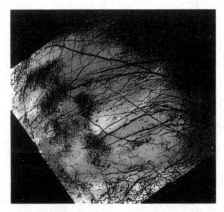
木卫二的地壳出现裂缝

揭示 UFO 之谜

在谈论外星人时，常常会联想到 UFO，有些人甚至把 UFO 与外星人的飞船等同起来。其实不然，UFO 是英文"不明－飞行－物"三个字的第一个字母，它的本意是"不明飞行物"。这就是说，它还没有定论。事实上，人们对 UFO 有着各种不同的解释，有说是一种特殊的大气现象；有说是对灯光、气球、飞机、卫星、火箭碎片和流星的误认；有说是外星人的飞船。但都不能完全使人信服，特别是缺乏过硬的物证，再加上一些人的恶作剧和一些UFO发现者的伪造，将UFO问题搅得混乱不堪。

1983年9月22日在乌克兰的皮特利山上空出现的UFO，形状像细长的豆荚，这也许是卷叶型飞蝶母船

1983年在莫斯科近效雅罗斯拉夫尔教堂上空出现的UFO

对待科学问题不能武断，特别是带主观偏见的武断。既然是"不明飞行物"，就容许有不同看法，但最重要的是探索。在探索中争论，在争论中探索。当"不明飞行物"变成"有名飞行

物"之时，才是意见统一之日。

1974 年 1 月 4 日日本旅行者冢原升二从美国华盛顿州西雅图的高空风景展望台拍摄的发桔色光的 UFO

UFO 又被称为"飞碟"。这是一种习惯用词。1947 年 6 月 24 日，一个叫肯尼思·阿诺德的人驾机飞行时，发现有 9 个圆盘形的不明飞行物向他飞来，但很快就神秘地消失了。报纸和广播在报道这条新闻时，都使用了"飞碟"这个词。接着，许多人声称发现"飞碟"，在美国掀起了一场"飞碟"热，并很快传到加拿大和澳大利亚等国，不久就传遍了全世界。因此，"飞碟"就成了 UFO（不明飞行物）的代名词。由此可见，与 UFO 不等同于外星人飞船一样，"飞碟"也不等同于外星人飞船。

1972 年 5 月 26 日日本人英成夫在一个施工现场拍摄的 UFO 照片

UFO 之谜并非起于 1947 年。据我国古籍记载，早在公元前 2200 年的尧帝时代，就发现有不明飞行物，并一直延续到清代。如光绪年间，有人在天高气爽时节，忽然听到隆隆声响，抬头观看时，看到天边有三颗排成直线的巨星，随后又悠悠地消失在天边。在国外的历史上，也有许多不明飞行物的记载。

1967年2月7日美国俄亥俄州理发师拉尔夫·迪特拍摄的UFO照片

UFO 是地球空间中最大的不解之谜，它引起千万人的巨大兴趣，许多民间研究组织相继成立，一些爱好者还编制了 UFO 文献目录，建立了 UFO 数据库。法国等少数国家的政府，也组织科学家对 UFO 进行研究。法国 1977 年成立的"未确认的大气太空现象研究会"，对 11 年中发生的 1600 起 UFO 目击报告进行调查研究，其中有 38％不能用现在的科学技术进行解释。确实，一些UFO的停飞自如、90度和180度转弯、来去无踪等现象，是需要研究和揭示的。

实　践　篇

　　航天技术是尖端的高技术，常被误为可望而不可即。本篇通过火箭模型制作、发射模型火箭、航天知识小实验、用肉眼观察卫星、监听天地通话、与业余无线电卫星通信等简易的参与活动等的介绍，力图帮助青少年朋友走出误区，加深对航天技术的了解，进而热爱和参与航天事业。

　　今天的青少年朋友，就是明天宇宙航行事业的参与者、开拓者。"一份劳动，一份收获"，努力吧，让最后的，也是最大的"必然王国"——地球大气层以外的宇宙空间，尽早地成为人类的"自由王国"。

火箭模型制作

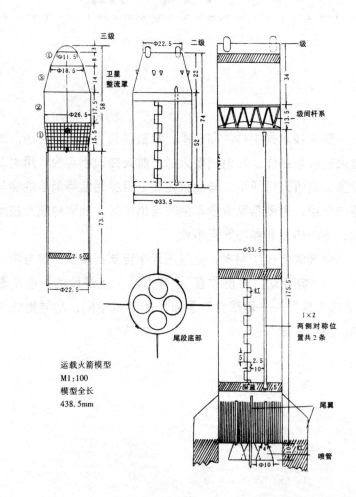

运载火箭模型
M1:100
模型全长
438.5mm

按一定的尺寸比例制作的真实火箭的模型叫火箭模型,如"长征二号 E"火箭模型、航天飞机模型等。火箭模型可做成电点火发射的模型火箭,也可用贵重材料制成高级礼品和装饰品。这里,让我们用纸板材料来制作一枚 1∶100 火箭模型。

1. 准备好图纸,并读懂它。

2. 准备好材料和工具:纸板、小木条、薄木片、胶水、油漆或水彩、刷子、小刀、剪刀、砂纸、铅笔、卷尺和直尺。

3. 制作。

(1) 用长 223 毫米、宽 110 毫米的纸板卷成直径 34 毫米的一级箭体圆筒,上下端可加衬筒,以保持形状,在下部均匀对称地粘上木片尾翼,在尾翼中间均匀对称地粘上 4 根木条,下部露出少许,粘横木条,然后安装 4 个发动机喷管。

(2) 用纸板卷成二级箭体圆筒,在下口衬纸圈,并露出少许,以便与一级箭体连接。再卷锥筒,上下口衬纸圈,并露出少许,将下部露出部分剪几刀,然后与箭体圆筒粘接起来。

(3) 用纸板卷成第三级箭体和整流罩的圆筒及锥筒,并用与上面同样的方法,把它们粘接在一起。然后用木片做一球面体粘接在上端。

(4) 将以上三部分粘接在一起。

(5) 在箭体上画上加强条和级间段杆系的形状和涂上颜色。

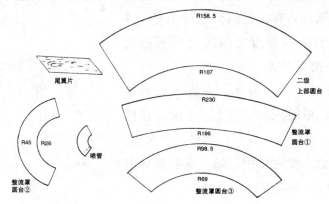

模型火箭发射

　　模型火箭是缩小的仿真模型，能像真火箭一样，用电点火方式发射，在空中拉烟指示飞行轨迹，在最高点打开降落伞，火箭徐徐飘落。回收的火箭，更换发动机后可以再发射。

　　模型火箭可以从商店购买，也可以自己制作，但不能自制发动机，因其中的推进剂有一定的爆炸性危险。买来的发动机也不得自行拆装或添加推进剂。

　　发射模型火箭是一项科普与体育运动相结合的活动，有定期的世界性比赛。这里，让我们来看看西安四凯公司研制的SMR－01模型火箭。

　　1. 清点套材：箭体、头锥、头锥堵盖、尾翼、单眼圈、降落伞、伞绳、连接带、卡钩、装饰条、A型发动机、点火头、点火控制盒、发射架中心轴、支脚、导向杆、导向管、导流板。

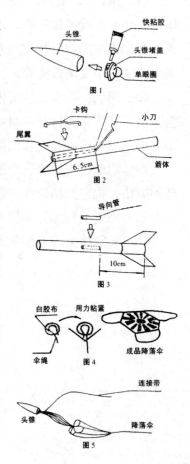

2. 准备材料和工具：白胶布、胶带纸、快粘胶、棉纸团、剪刀、小刀、直尺、镊子。

3. 安装发射架：将支脚插入中心轴的燕尾槽，插上导向杆，穿放导流板，在导向杆距导流板 80 毫米处缠绕 6 毫米宽的胶布，然后松动蝶形螺栓，将导向杆调整成垂直状态（图10）。

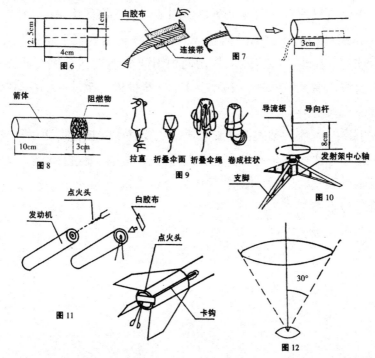

图6　图7　图8　图9　图10　图11　图12

4. 安装火箭和回收系统：①将单眼圈拧在头锥堵盖中央，在头锥堵盖下部涂快粘胶，然后把它与头锥粘接起来（图1）；②将尾翼装在箭体上，尾翼下缘与箭体下端齐平。如有松动，可加快粘胶紧固（图2）；③用小刀在两翼中间部位，从箭体下端口起，开一条长 65 毫米、宽 3 毫米的浅槽，装上卡钩，用胶带纸缠绕两圈固紧（图2）；④在卡钩的对称位置，距箭体下端 100 毫米处粘上导向管，导向管的轴线应与箭体轴线一致（图3）；⑤将连接带、降落伞和头锥连接在一起，然后用白胶布将连接带粘在箭体内壁，胶布距箭体上口不小于 30 毫米（图

4～7）；⑥在距离箭体上口 100 毫米左右处塞入厚 30 毫米的棉纸团，作为阻燃剂，防止发动机的火焰烧毁降落伞（图 8）；⑦将降落伞叠成柱状（图 9），从前口装入箭体中，然后装上头锥。

5. 安装发动机：将点火头轻轻塞入发动机喷管处的小孔内，用镊子夹棉纸团塞填小孔，再用白胶布将点火头固定，防止滑出。然后将箭体上的卡钩略微掰开，将发动机喷口朝下，装入箭体中（图 11）。

6. 发射：将箭体上的导向管插入导向杆，然后拔下点火控制盒上的安全插键，再小心地将点火头的两根引线分别夹在点火线的夹子上，放开点火线，撤至 5 米外，下蹲，插上安全插键，倒计时，按下按钮开关，火箭点火上升。

发射模型火箭，必须保证安全。首先要仔细阅读说明书，严格按规定的程序和方法操作。初发者应有人指导。其次，要选择宽阔的场地和无风或微风天气。最后，如按下开关后，火箭不点火，应拔下安全插键，再进行检查。

火箭推进和控制原理实验

液体火箭推进原理

找一个密闭的金属小圆筒，从一端打一小孔，并从小孔注入少许水，然后用铁丝支撑在小船上，将小船放在盛有水的大盆中，点燃船中的蜡烛，当蜡烛将圆筒中的水烧开时，蒸汽从注水的小孔中喷出，这时，船向相反方向运动。

液体火箭推进原理

固体火箭推进原理

将废胶片剪成50毫米长的条，然后用锡箔卷紧，一头拧死，另一头留一小孔，再在锡箔卷外粘两个套环，它们的轴线在一条直线上，并与锡箔卷轴线平行，然后通过套环把锡箔卷水平地穿挂在细铁丝上，再用蜡烛烧烤锡箔卷后部。当胶片烧着时，白烟从小孔喷出，锡箔卷则反方向沿铁丝移动。

燃气舵控制原理

燃气舵控制原理

截一段纸管做发动机的喷管，在一端通过中心切一窄缝，将一纸片插在窄缝中做燃气舵。用细线将纸管悬挂起来，然后用麦管从纸管的另一端向燃气舵吹气。我们会发现，吹气的角度不同，纸管的偏转方向不同。这就是偏转燃气舵可以控制火箭飞行方向的原理。注意，这里不是偏转燃气舵，而是改变吹气方向，与火箭的实际情况正好相反，但原理是相同的。

摇摆发动机控制原理

用锡箔叠一小船，小船上装一充气气球，将小船放在盛有水的大盆中，用细管扎入气球，空气从小管喷出，推动小船运动。请记住小船的运动方向。再换用一个气球，让细管从稍偏一点的方向扎入气球，我们发现小船的运动方向也稍有改变。这就是摇摆发动机控制火箭飞行方向的原理。请注意，这里用的是两个气球，两根细管。在火箭上是同一台摇摆发动机，通过它的摆动，改变喷气方向来调整火箭的飞行方向。

这里只是火箭推进和控制原理实验的几个例子。其实在我们的日常生活中，也会碰到与火箭推进和控制原理有关的一些现象。节假日去划

船，桨向后划水，船却向前运
动，这就是火箭的反作用推进
原理；如果仔细体会，划桨的
用力方向稍有变化，船的前进
方向也会跟着变化，这与燃气
舵和摇摆发动机控制火箭飞行
方向是一样的；还有，仔细观
察高压锅压力阀上的重物，它
的旋转方向并不总是相同的，
这是出气口因杂物阻碍使喷气
方向不同造成的。

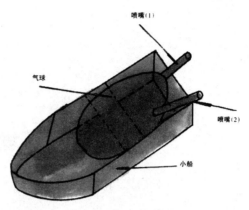

喷嘴(1)

气球

喷嘴(2)

小船

摇摆发动机控制原理

空间环境实验

观察宇宙射线

实验材料：圆柱形透明塑料容器、干冰（固体二氧化碳）、黑色颜料、吸墨纸、甲醇、夜光表盘或其他放射源、幻灯机或其他强光源。

实验方法：将容器内底涂成淡黑色，内壁衬一层吸墨纸，然后倒入甲醇，让吸墨纸湿透，这时容器内弥漫着甲醇气体，再将放射源放入容器底部，并将容器移至干冰上，甲醇气体受冷凝结，当超过饱和点时，在强光源的照射下，透过甲醇蒸气，可以看到从放射源发出的放射线的尾迹，与宇宙射线类似。

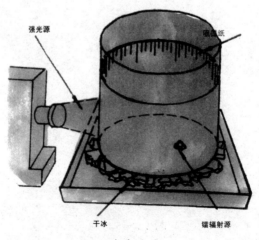

观察宇宙线

地球辐射带的形成

实验材料：聚苯乙烯泡沫塑料小球、细漆包线、干电池、细铁屑。

实验方法：在聚苯乙烯泡沫塑料小球上打一个中心孔，将细漆包线穿过中心孔，等距离地绕在小球上，漆包线与小球表面之间留一定的空隙，再将漆包线的两端连在干电池上，这时漆包线圈产生磁场。然后向塑料球上撒细铁屑。我们可以看到，细铁屑不会落到塑料球上，而被吸附在漆包线上。地球磁场就是像这样俘获来自宇宙空间的高能粒子，而形成地球辐射带的。地球磁场的这种作用，保护着地球表面不受大量高能粒子的轰击。

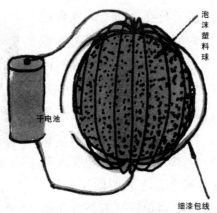

泡沫塑料球

干电池

细漆包线

地球辐射带的形成

失重环境实验

在失重环境中，航天员在地面上的衣食住行习惯都行不通。因为那是适应地球重力环境的习惯。失重像一名魔术师，把许多物理规律都颠倒过来了。在地球上喝水，喝进嘴中的水，一仰脖子，水在重力作用下会自动地流进胃中。吃固体食物，只要轻轻一咽，帮助食物克服与食管的摩擦力，食物也会很快进入胃中。而在失重环境中喝水、吃东西则不一样，没有往下吞咽的力量，水和食物是不会自动进胃的；正如前面介绍的，吃进嘴中的食物，如果张开嘴呼气，就会把食物吹出来；而且体液上涌，味觉会因迟钝而失调，食欲不如地面上好。

用刀片刮胡子，在地面上是一件很简单的事，但在失重环境中，如没有胡渣收集器，刮下来的胡子渣，会到处乱飘。

在地球上行走，必须用力克服地球重力，

才能把腿抬起来前进。在失重环境中，行走却很方便，飘浮在空中的身体，只要用任一部位碰一碰固定的物体，就可以向相反方向前进，可以到达生活空间的任何位置。

目前，对大众来说，还无法亲身体验太空失重环境的生活。不过，我们可以通过一些实验，来稍稍体会一下失重环境中生活的艰辛和有趣。

将盛满水的杯子放在地板上，杯中插一根小吸管，将一把椅子放在水杯旁，让腹部贴紧椅背，双手扶住椅面，然后弯腰低头，直到能咬住小吸管为止。这时胃比头的位置高，头朝下，血液等体液在地球重力作用下往头上涌，现在用吸管吸水，可以体验到逆着地球引力和头部充满体液时的饮水感受。当然，逆着地球引力不是失重环境，但与失重环境中饮水需要用力吞咽的情况是相同的，只不过更强化了。

我们还可以用下面的方法来体验失重环境中的味觉。将苹果、梨、黄瓜、香蕉等水果，切成同样大小的小块，然后蒙上眼睛，用棉球塞住鼻孔进行品尝。由于看不见食物的形状和颜色，闻不到食物的气味，味觉会比平时迟钝。

在游泳池中可以模拟失重环境。在水中我们可以搬动比地面上重得多的物体，因为水的浮力抵消了物体的一部分重力。如果游到船底，可以做一个指头顶起一只船的表演，其实什么力量也不费。在飞船中，一个指头顶起一个人也是这样。在水中行走，可以飘来飘去，与失重环境中的行走相似。

在日常生活中，我们也会有失重环境的一些感受。如当电梯或飞机下降时，身体会有一种与平时不同的感觉，如果与电梯或飞机上升时比较，那种感觉更突出。那是因身体失去了部分重力而变轻了，当然还不是完全失重。

用肉眼观察卫星

用肉眼在天空中搜寻和跟踪人造地球卫星和其他航天器，比望远镜更理想，因为望远镜的视野太窄，而双眼则灵活得多。

除航天站、航天飞机等较大较亮的航天器在云雾较重的天气可以看到外，其余的观察都应选择在晴朗无云或少云的天气进行，最好略有月光。我们可以用小熊星座来检验，如能看清小熊星座的大多数星星，则可以观察到大多数不太亮的人造卫星。

观察的区域主要是 25 度仰角以上的天顶区，25 度以下区域，大气会使卫星的形象模糊。

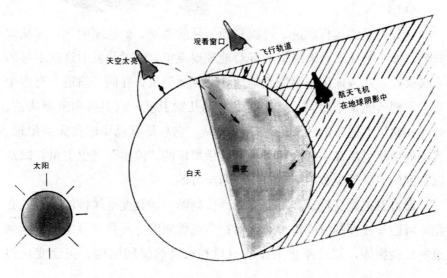

观察的时间最好是傍晚和黎明时分。在太阳刚落山时观察，应向东方天空搜索，因这时的卫星还被太阳照耀着，最为明亮；在太阳升起以前则应向西方天空搜索；深夜则可以看到高轨道卫星。

观察时，应区分飞机等其他移动的亮点，飞机的机翼、机身和起落架的灯光是带颜色的，飞机可以呈水平线飞行，卫星则不行，绝大多数卫星也不会自东向西飞行。

区分卫星的运行轨迹，可以判断卫星的类别。如从南向北，或从北向南，多半是侦察、地球资源等对地观察卫星，或者是发射这些卫星的末级火箭；从西向东则可能是地球环境观测卫星；在同一轨道上有多个亮点，则可能是刚用同一枚火箭发射的几颗卫星，或卫星和末级火箭。长期在轨道上运行的"和平号"航天站，它总是有规律地在天空出现。美国的侦察卫星和一些上面级火箭、俄罗斯的"流星"气象卫星，以及以色列的卫星等少数卫星是自东向西运行的。

通过卫星光亮特征，可以作出许多判断。如亮度呈缓慢的波浪式变化，可能是慢慢翻滚的重型航天器；亮点像频闪灯一样，可能是快速翻滚的较轻物体，如已停止工作的卫星和火箭的级间结构；亮度变化很小，可能是球体、立方体和圆柱体等；亮度变化很大，可能是带太阳能电池帆板或仪器撑杆等带长形附属物的航天器等。

用肉眼能观察到的航天器，最亮的是"和平号"航天站和航天飞机，其次是带长长的太阳能电池帆板的卫星。目前，最大最亮的航天器是航天飞机与"和平号"航天站对接起来的联合体。21世纪初国际航天站建成后，它将成为天空中最大最亮的航天器。

业余无线电卫星通信

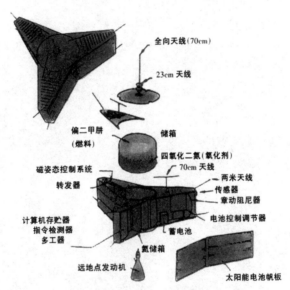

全向天线(70cm)

23cm 天线

偏二甲肼
(燃料)

储箱

四氧化二氮(氧化剂)

磁姿态控制系统

70cm 天线

转发器

两米天线

传感器

章动阻尼器

计算机存贮器
指令检测器
多工器

电池控制调节器

蓄电池

氮储箱

远地点发动机

太阳能电池帆板

"奥斯卡 10 号"结构图

业余无线电通信是一项很有特色的活动，自无线电发明以来，就被许多人所钟爱。有了人造地球卫星以后，业余无线电爱好者又利用人造卫星进行通信。为此发射的卫星叫业余无线电爱好者卫星。第一颗业余无线电爱好者卫星叫"奥斯卡 1 号"。"奥斯卡"是"业余无线电卫星"的英文字头，它是美国洛克希德、飞歌等地的业余爱好者通信卫星组织研制的，于 1961 年 12 月 12 日发射。至今，美国、前苏联及俄罗斯、英国、法国和日本等，已发射业余无线电爱好者卫星几十颗。20 世纪90 年代以来，美国于 1990 年 1 月 22 日发射了"鲁萨特号"、日本于1990 年 2 月 7 日发射了"富士号"、法国于 1993 年 5 月 12 日发射了"阿尔塞纳号"、俄罗斯于 1994 年 12 月 26 日发射了最新一颗"无线电号"等卫星。"和平号"航天站上的航天员，在他们休息时，也以145.550 兆赫频率，用 U2MIR 的呼叫符号与业余无线电台联系。

业余无线电爱好者卫星，一般在近地轨道上运行，对于一个地方的爱好者来说，每天的通信时间只有一二十分钟，卫星的寿命不长，也难以实现洲际和全球通信。由于业余无线电爱好者卫星一般不是对地静止卫星，因此，要求地面天线有大跟踪范围的能力。同时，这种卫星一般只采用传输电话等窄带信号的低频率、窄频带，因而要求有高灵敏度的接收机和大功率的发射机。当然，一些业余无线电卫星，如"无线电号"也用29.357、29.403、29.407、29.453兆赫的短波频率发送信号。短波可以在电离层之间来回反射，可以实现洲际和全球通信。

设备和条件

必备设备有接收机、发射机和天线。为利用业余无线电卫星通信，首先要了解卫星的远地点、近地点、轨道倾角、运行周期、卫星与当地的轨道高度等参数，以确定通信时间和地面天线的仰角；其次要了解卫星的发射功率，以确定地面发射机的功率和选择地面接收机；

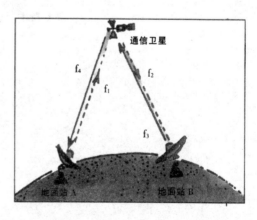

最后还要了解卫星转发器的信道带宽和载波调制方法，以确定通信容量和地面调制方式。由于设备比较复杂，一般使用配备这些设备的专用地球站。经费上个人一般难以承受，常由业余无线电爱好者组织来组织。

通信方法

A地与B地通信，首先要对发送信号进行各种处理和放大，调制好载波频率 f_1，然后用发射机通过天线将 f_1 发向卫星。

卫星收到载波信号后，先将它转换成频率 f_2，经滤波和功率放大后，再发往B地。B地将信号从 f_2 载波中取出，经过必要的处理后，便得到由A地传出的信息。

由B地向A地传递信息，同样可以通过载波 f_3 和 f_4 来进行。

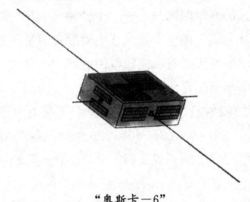

"奥斯卡－6"

监听天地通话

在宇宙飞船、航天飞机和航天站上飞行的航天员，需要经常与地面控制中心联系，业余无线电爱好者可以监听到他们之间的谈话，甚至可以直接与航天员进行无线电信号联系。如前苏联及俄罗斯的地面控制中心，常用143.625兆赫频率，广播他们与"和平号"上航天员之间的谈话。设在美国哥达德航天中心的世界业余无线电爱好者俱乐部，以3.860、7.185、21.395和28.650

兆赫的短波频率，转发美国航天飞机上的航天员与地面的谈话。航宇局设在世界各地的跟踪站，也转播航天员的谈话。前苏联及俄罗斯的"联盟号"载人宇宙飞船和"进步号"货运飞船，都以19.954兆赫的短波频率发射遥测信号。当它们与"和平号"航天站接近和对接时，以及它们与"和平号"脱离，准备返回地面时，可以在20.008兆赫频率监听到航天员与地面控制中心的谈话。航天员也用莫尔斯码与地面通信。

1988年9月6日，"联盟TM5号"飞船与"和平号"航天站分离，准备返回地面，由于计算机系统出现故障，下降程序自动提前终止，几次再入未能成功，情况十分危急。业余无线电爱好者监听到航天员利亚霍夫请求地面控制中心不要打扰他们，给他们播放音乐，让他们好好打一会盹，以便进行最后一次再入尝试。

监听准备　了解载人航天器的飞行轨道的近地点、远地点、倾角和周期等参数，了解这些航天器使用的遥测信号和广播信号频率，确定何时经过当地上空。

主要设备　带可编程序高频扫描装置的接收机或甚高频通信接收机，室外天线或鞭状拉杆天线。

收听方法　拉出鞭状天线或架设室外天线，注意在视距范围内不能有高山或建筑物阻挡。然后调整接收机频率，如在 19.500～20.100 兆赫和 143.625 兆赫，可监听到"和平号"上的航天员与地面的通话。如果你的接收机能把单边带频段分成上边带和下边带两部分，则可以在上边带找到太空通信频道。请注意，由于多普勒效应，航天器在飞过上空时音调最高，飞来和离去时偏低。因此，不必总是调整频率，而是将旋钮固定在航天器的发射频率上，就可达到满意的监听效果。

未来篇

航天技术的未来，就是人类的美好未来。本篇通过开发月球和火星、建造太空城、冲出太阳系、到广袤的宇宙中去航行的遐想，展示了人类永恒的、无止境的发展前景。

青少年是未来的希望，青少年也对未来充满着希望。激励青少年朋友对航天技术的兴趣和向往，奔向航天之旅，航天技术的未来将更充满魅力与希望。

开发月球

20 世纪六七十年代，前苏联和美国在对月球进行了许多探测以后，接着是美国实施"阿波罗"登月计划，先后有 6 批 12 人登上月球，对月面局部地区进行了考察。

未来的月球工厂

目前，人们正在酝酿重返月球。日本计划到 2001 年发射月球探测器，绘制月球表面图，设想 2010 年派人长驻月球，进行科学研究。欧洲航天局也计划送人登月，作为第一步，是发射无人飞船，在月面软着陆，带去月球车在月面考察。美国航宇局把重返月球作为今后三大目标之一，到 21 世纪初，以"阿波罗计划" 1/20 的费用，再把人送上月球。而 1994 年 1 月和 1998 年 1 月发射的"克莱门汀号"和"月球勘探者号"探测器，已在月球上找到水，这将更坚定了人类重返月球的信心。

科学家的目标是，先建立一个前哨站作为立足点。它包括一部运输机器，一个材料加工厂，一个制造车间。这些设备用月球上的材料，建造更多的运输机器、材料加工厂和制造车间，扩大前哨站的规模和生产能力。然后建立科研基地、实验室、医疗中心和火箭燃料生产厂，进一步勘探和开发月球资源，发展各种制造业，合成空气和水，种植植物，饲养动物，建立人造生物圈。科学家们预计，在 2015—2020 年之间，可以建成这样一个初级基地，它能够进行生命支援、科学研究、资源勘探和开发、材料加工和机器制造等，经过 10 年左右的发展，就可以建成永久性的月球居住基地。

月球采矿

月球没有大气，在月面上利用太阳能的效率是地球上的 1.5 倍。据信月球还有地球上稀有的氦－3 元素，是安全的核发电材料。这些可以解决能源问题。月球上有丰富的硅、镍、铁等矿石，可提供工业原料和建筑材料。月球上有丰富的氧资源，可以制造火箭推进剂。月球两极和陨石坑中的水，不仅可以解决生活和工农业用水问题，还可以分解水获得氢，制造火箭燃料。用氢还可把月球土壤中丰富的氧分解出来，再稀释氮，形成大型月面密闭生态系统的大气。

美国"阿波罗号"飞船登月舱和它携带的月球车在月球上

由于月球没有大气影响，没有人造光源和电波干扰，没有有机物的污染，月球自转速度小，有寒冷和漫长的黑夜，月震很微小，重力只是地球的 1/6 等等，这些有利条件，使月球成为一个理想的科研基地，可以高效率地进行天文探测，以及天体物理、

月面探测

高能物理、物质深层结构、生命科学等科学实验和研究，还可以成为开发火星的跳板。

月球是离地球最近的天体，开发月球具有许多方便的条件。一旦让月球形成适合人类生活的环境，她将成为人类的另一个故乡。

开发火星

20 世纪 60 年代以来，人们已利用航天器对火星进行了大量的探测。目前，美俄日等国和欧洲航天局，正执行发射探测器和将机器人送往火星表面考察，并取样返回地球的系列计划，以便确定载人飞船的着陆地点和方式。如果一切顺利，有可能于

火星车

2015 年左右，将火星车、火星住宅和实验设备送上火星。2020 年左右分两批将 6 男 6 女航天员送上去，他们在那里工作一年，建成一个前哨站，在 2025 年以后建成初期居住基地，2030 年左右建成永久性基地。

火星是地球的近邻，与月球和金星等其他行星相比，火星环境更接近于地球。它有稀薄的大气，有四季变化的气候。它的质量和体积与地球较接近。据信火星地表下和白色的两极是冰冻的水。有人认为，火星上曾经有过高级生命；也有人认为，火星上现在仍有低级生命存在。人类的未来发展，不能不走向火星。

但是，火星大气中几乎没有氧，昼夜温差在 100℃以上，平均气温 −60℃，地表都是冰冻的，没有液体水。火星的磁场非常弱，不能阻隔太阳风、宇宙线和紫外线等对它的直接照射，在火星环境中，老鼠、乌

龟、青蛙、蜘蛛和甲虫，分别只能活几秒钟、6小时、25小时和几个星期，自然也不适合植物生长。

火星基地

要使火星成为人类另一个能栖息的地方，必须对火星环境进行一番改造。为提高火星表面的温度，可在围绕火星的轨道上设置大型反射镜，将太阳光反射到火星上，同时在火星上建造工厂，生产能产生"温室效应"的各种气体，形成厚密的大气层，首先使酵母和细菌之类的简单生命能够生存和繁殖。这样，它们又可放出氧气，使复杂的生命能够生存和繁殖。火星变暖以后，两极的冰帽和地表下的冰层就会融化。于是，火星上又有了液体水。

用直来直往的方式在火星和地球之间飞行是很不经济的，开发火星，必须解决交通问题。未来的地球—火星交通系统，包括地球航天港、自由点航天港、火星航天港和巡天飞船、转运飞船、火星着陆器等。人们要飞往火星，先从地球乘航天客机飞往地球航天港，再换乘转

火星探险

运飞船到自由点航天港，加注燃料后继续飞往巡天飞船。巡天飞船在地球和火星之间循环飞行。在转运飞船与巡天飞船交会对接后，就可直达火星航天港，待转运飞船停靠在火星航天港上后，再换乘火星着陆器在火星基地着陆。

从火星回地球的程序与这相反。

火星登陆飞船

建设太空城

除了开发月球和火星以外，人类开发宇宙的另一个设想是建造太空城。目前的航天站可以说是太空城的起步，但在规模和自给自足的独立性等方面，离太空城还很远很远。

美国斯坦福大学设想的轮胎形太空城，可供一万人居住。它的圆环直径为 1800 米，以每分钟 1 转的速度旋转，以产生人造重力。它的上方是一面巨大的反射镜，将太阳光折射到圆环中央的镜子上，然后由它再折射到管形的居住区。管形居住区在太阳光折射来的方向，是百叶窗形，百叶窗张开，太

"奥尼尔三号"宇宙岛

阳光进入，使那里成为白天，百叶窗闭合，挡住阳光，那里就成为黑夜。管形区内除住房和学校等建筑外，还有农业生产区。控制那里的太阳光强度，可形成春夏秋冬四季。在圆环的中轴上，靠近圆环的一端为

对接装置，可供来往飞船停靠，另一端连着工厂和太阳能电源设备等。

太空饭店

另一个有名的太空城方案是普林斯顿大学的奥尼尔博士设想的，人们叫它"奥尼尔三号宇宙岛"。它像两把张开的大伞，但没有伞衣。一个个农业舱室连成圆圈，构成伞的边缘。在农业区，种植各种蔬菜、果木和花草，饲养各种动物，也有有益于植物的各种昆虫。农业区的密封舱可以控制季节，任何时候都有四季水果和蔬菜。

伞柄是个巨大的圆筒，直径 6500 米，长为 32000 米，可居住百万人。圆筒以每分钟 1 转的速度旋转，以产生人造重力。圆筒四周对称设置四扇玻璃窗，窗外是盖板，盖板内面是反射镜。盖板合上时，遮住太阳光，圆筒里面便是黑夜；盖板张开，反射镜将太阳光折射进圆筒，里面便是白天。圆筒内部与地球上的景色一样，有高山、河流、树木、花草，可以人工降雨，水、陆、空交通繁忙，只不过上下景色相同。也就是说，没有"天"、"地"区别。那里的高山都伸向圆筒的中心轴线。在那里爬山，比在地球上容易得多，因为越往上，人造重力（即离心惯

可容纳一万人的太空城

性）越小。如果山高 3250 米，即等于圆筒的半径，山尖正好在圆筒的中心轴线上，那里的重力为零，人爬到山顶，会处于失重状态，就可以飘浮起来了。

　　人们还设想了其他各种各样的太空城方案，一个比一个巨大，一个比一个先进。太空城方案，简直就是智力竞赛的产物。请发挥你的聪明才智，设计自己的太空城方案吧！

太空饭店客房内景

《相对论》与宇宙航行

用飞出太阳系的第三宇宙速度飞行，到达最近的恒星——半人马座比邻星，需要几万年的时间。即使将来的宇宙飞船可以达到光速，一个人的一生，也只能到太阳附近的几颗恒星周围去旅行，如相距 8.7 光年的天狼星、相距 16.63 光年的牛郎星、相距 26.3 光年的织女星等。稍远一些的，如相距 850 光年的参宿七，就不可能。银河系有一千多亿颗恒星，离太阳较近的只有一二十颗，银河系的直径为 10 万光年，而与银河系最近的星系，即仙女座星系也有 230 万光年的距离！

爱因斯坦

爱因斯坦的《相对论》指出，宇宙中一切物质的运动速度，以光速为最快，即 30 万千米/秒，其他一切物质的运动速度，只能无限接近光速，而不可能达到和超过光速。这似乎给宇宙航行作了最后判决：不可能！但正是爱因斯坦的《相对论》，在宇宙航行的"山重水覆"之中，迎来了"柳暗花明"的局面。

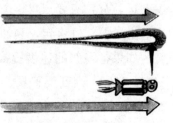

光速不变原理

《相对论》指出，运动的物体会产生"速度效应"，即相对同一目标是静止的物体来说，如宇宙飞船相对地球来说，运动物体（宇宙飞船）上的时间会膨胀，距离会缩短。速度愈快，速度效应愈显著，当速度无限接近光速时，则时间几乎停滞，距离几乎为零。这种速度效应，已被科学实验所证实。

《相对论》为宇宙航行开辟了广阔的前

以接近光速的速度在道路上飞奔看到的风景

景，剩下的就是寻找新型动力，提高宇宙飞船的速度了。如果飞船达到99％的光速，则时间膨胀 7 倍，距离缩短 86％，到天狼星、牛郎星和织女星，分别只要 1 年 3 个月、2 年 4 个月和 3 年 9 个月。当然，到参宿七去还要 120 多年，到仙女座星系去要 33 万年。

如果把飞船的速度提高到 99.999999999％的光速，则时间膨胀了64000 多倍，则到天狼星、牛郎星和织女星，分别只要 0.53、1.09 和2.05 小时，到参宿七去只要四五天，即使到仙女座星系去，也只要 36年时间。

如果我们再提高飞船的速度，比如说使时间膨胀 1825000 倍，则飞船上的 5 天，相当地球上的 5000 年。这就是我们所说的"天上方数日，地上几千年"。用这种速度到仙女座星系去，只要一年多一点的时间。

但是，最远的星系离我们达 100 多亿光年。用《相对论》宇宙航行原理，不仅遥远的距离难以战胜，而且还存在其他很多困难，如极大地提高飞船的速度很困难；快速提高飞船的速度带来的重力，使人无法忍受；远距离通信的巨大能量很难解决；还有，一次航行回到地球以后，如果地球已经面目全非了，甚至不存在了，那也是没有意义的。

科学无绝路。人们正在寻找新的宇宙航行的道路。

光速不变原理　在以光速飞行的宇宙飞船上，观测同向或反向光的行进速度，根据爱因斯坦相对论，光仍然以固定的速度运动而不显得相对静止或以 2 倍速度动动。

核脉冲和反物质推进飞船

20 世纪 50 年代末，美国科学家设想用连续爆炸小型氢弹的办法，来推动宇宙飞船前进。在"猎户座"计划中，设想每 1～10 秒钟爆炸一颗威力相当 1000 吨 TNT 当量的氢弹。1968 年，提出用这种核脉冲推进的不载人飞船"澳利安号"飞往火星的计划。后又改进设计，成为载人星际飞船。飞船分两级，第一级重 160 万吨；第二级重 40 万吨，装 30 万个 1 吨重的氢弹，有效载荷重 2 万吨，包括几百名男女和维持他们及其子孙的生活必须品。飞船每 3 秒爆炸一颗氢弹，获得 1 个地球重力加速度（g）值，10 天内达到 1/30 光速，即 1 万千米/秒，以这个速度航行 130 年，可以到达离

"奥利安"核脉冲动力飞船

太阳最近的半人马座比邻星。这比用化学燃料火箭动力飞船约需 8 万年的时间要短得多。

上述核脉冲动力飞船，核防护和缓冲装置的要求高，技术上无法实

现，而且推力是不连续的。70 年代，英国科学家提出一个非实用的"代达罗斯"研究性计划。他们设计的飞船，用氢的同位素氘和氦的同位素氦－3，进行核聚变产生推力。将氘和氦－3 在－270℃下制成直径为 2～4 厘米的小球，装在燃料箱中。使用时，用特

仙女座星系

制枪将小球射入发动机燃烧室。这时，几十个电子束发生器发出高能电子束，同时轰击小球，在高达上千万度的温度下，氘和氦－3 发生聚变反应，产生巨大的能量。大部分能量用来推动飞船前进，一小部分能量用来为电子束发生器充电，准备下一次轰击。这样循环往复，核聚变频率达 250 次/秒，可看成是连续的。代达罗斯飞船分两级，初始重 54000 吨，总长 200 米。第一级工作 2.05 年后分离，接着第二级工作 1.76 年，速度达到 0.12 倍光速，即 36000 千米/秒。然后无动力飞行，约 60 年可到达离太阳最近的比邻星。

反物质推进飞船

核聚变只能将0.7％的物质质量变成能量，于是人们想到了反物质推进，因为物质和反物质湮灭（将在下一篇中介绍），可以将100％的物质质量转变成能量，而且可以只携带反物质，让反物质与飞船结构的正物质湮灭，产生能量，推动飞船前进。飞船的质量越来越小，使加速变得容易一些。美国人罗伯特·佩奇设想的反物质推进飞船，可载几千万人同行，飞向仙女座星系。

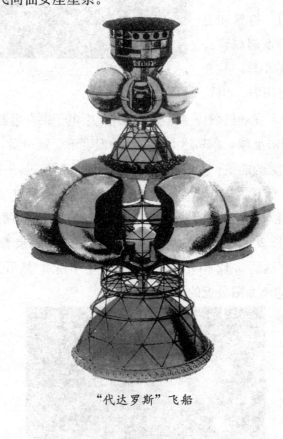

"代达罗斯"飞船

光子火箭动力飞船

　　由于光速是宇宙中的最快速度，如果让火箭喷射光子，自然可使飞船获得高速。早在 1953 年，德国人桑格尔就提出了光子火箭动力飞船的设想。

　　那么，如何产生光子呢？

　　前面说到的物质与反物质湮灭，就可产生光子。我们知道，物质是由原子构成的，原子是由质子、中子组成的原子核和核外电子构成的。不同物质，只是质子、中子和电子的数目不同，如氢原子核为一个质子、中子为零，核外一个电子；氦核为两个质子、两个中子，核外两个

电子等等。质子、中子和电子，统称亚原子粒子。20 世纪三四十年代，科学家发现，每一种亚原子粒子，都有与它对应的反粒子存在，如反质子、反中子、反电子等等。正粒子组成正物质，就是我们日常接触到的各种物质，如氢、氦等等。反粒子组成反物质，如反氢、反氦等等。不过，至今在宇宙中没有找到天然的反物质；在我们地球上，科学家们只能在高能物理实验室中，制造出几种反粒子。

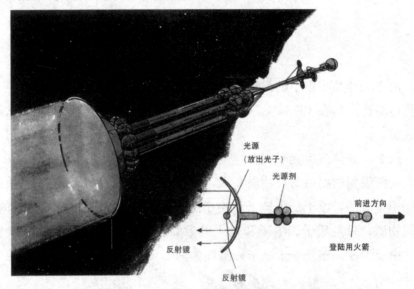

光源
（放出光子）

光源剂

前进方向

反射镜

登陆用火箭

反射镜

光子火箭结构图

粒子和反粒子相遇时，会放出光子，同时释放出巨大的能量，而它们自己却双双地消失了，所以叫做"湮灭"。

桑格尔设想的光子火箭，计划用质子和反质子，即氢和反氢湮灭来产生光子。各 500 克氢和反氢湮灭，可产生相当于 1000 千克铀裂变产生的能量。

桑格尔设想的光子火箭动力飞船，由三大部分组成。最前面的部分，是供宇航员工作和生活的座舱。中间部分是物质和反物质贮箱。最后面的一部分，是动力装置，即光子火箭。它的主要部件是一个巨大的凹面反射镜，面积达几十平方千米。光子发生器在反射镜的焦点上，正氢和反氢被分别从贮箱中引导到光子发生器中，然后让它们相遇湮灭，产生光子。光子由凹面镜反射，形成一致向后喷射的光子流，推动飞船前进。氢和反氢相遇湮灭时释放出的巨大能量，可作为飞船上的工作和生活用能源。

虽然这种火箭向后喷射光子，但它不可能使火箭也达到光速。用光子火箭动力飞船飞向比邻星，需要约 5 年的时间。

微波和激光帆动力飞船

　　齐奥尔科夫斯基曾提出用太阳光的光压来推动飞船前进，那就是太阳帆。20 世纪 80 年代，弗里曼·迪森提出用微波帆来推动飞船，1984 年，罗伯特·福瓦特还提出"星束号"微波帆飞船的设想。飞船上有一张用铝丝织成的圆形网帆，重 20 克，直径达 1 千米，网格有 10 万亿个交叉点，每个交叉点有一个微电子线路。它们既是计算机的元件，又可感光，具有微型针孔照相机的功能。微波束由围绕地球运行的太阳能卫星电站产生，然后通过菲涅耳透镜，聚焦到"星束号"飞船的帆上。微波束的光子压力，推动飞船前进。虽然遥远的距离会使微波束扩散，但

　　用太阳能转变为电能，再将电能转变为微波束，推动探测器前进。

它的强度足以开启 10 万亿个微电子线路。帆对微波束的反射能量（即光压），可通过 10 万亿个微电路调节网帆的导电率而达到最大值。20 千兆瓦的微波束，可使飞船获得 155 个地球重力加速度值，六七天的时间达到 1/5 光速，即 60000 千米/秒。用这个速度航行，约 20 年的时间可到达离太阳最近的比邻星。如果继续用微波束给飞船加速，则到达的时间还会缩短。飞船上的超大规模集成块，会自动使用网帆中的导线，作为微波天线去收集微波束的能量，然后像人眼视网膜上的光感受器一样，自动分析目标星系中的光谱信息，并以每秒 25 张的速度拍照，然后通过网帆作定向天线，将探测到的信息数据发回地球。

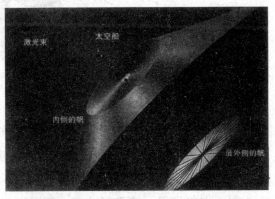

用激光束推动的"星集号"宇宙探测器

　　罗伯特·福瓦特还提出用激光束作为他设想的"星集号"飞船的动力。网帆为厚 16 毫微米的铝膜，直径 3.6 千米，重约 1 吨，它能反射 82％的光能，让 4.5％的光透过，吸收 13.5％的光。激光发生器设在绕地球或太阳运行的轨道上，菲涅耳透镜直径达 1000 千米，设在土星和天王星轨道之间的太空站上，由它将激光束聚焦到"星集号"的帆上。65 千兆瓦的激光束，可使"星集号"飞船获得 4％的地球重力加速度值。连续加速 3 年，飞船达到 11％光速，约 40 年可到达比邻星。

　　如果将激光功率增大到 43000×10^{12} 瓦，可使飞船以 1/3g 加速，1.6 年飞行 0.4 光年的距离，速度达到 50％光速，用这个速度航行，20 年时间可到达距太阳 10.8 光年的 E.E. 星系附近，再用 1.6 年减速，全部航行时间为 23.2 年。根据相对论的时间膨胀效应，飞船上的时间只有 20.5 年。如果飞船在那里考察 5 年后以同样的程序返回，则来回时间为 51 年，但宇航员只衰老了 46 年。

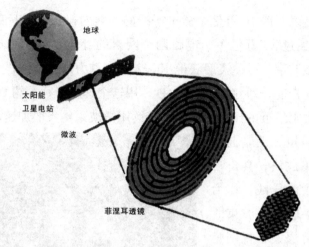

这种飞船上的帆由 3 个同轴环组成。外层为加速级，直径为 1000 千米；中间层为会合级，直径 320 千米；内层为返回级，直径 100 千米。在距离 E.E. 星系 0.4 光年时，外层移位，将激光束反射到会合级上，作用方向相反，使飞船减速。返回时将返回级分离出来，会合级将反射面朝向太阳系，飞船就会加速返回地球。

星际冲压飞船加速航行

　　在广袤的宇宙空间，虽是高度真空，但仍然有氢分子和氢原子存在。让氢核产生聚变，可以获得巨大的能量。如果我们把宇宙空间的氢采集起来，让它们进行核聚变反应，就可以获得加速飞船和其他需要的能源。

　　那么，如何搜集宇宙中的氢呢？

　　让我们来看飞机冲压喷气发动机。它在飞机飞行中，吸进大量的空气，以利用空气中的氧，供所携带的燃料燃烧，从而获得推力。同样，我们可以制造一种星际冲压喷气发动机，为宇宙飞船产生动力。这种星际冲压喷气发动机比飞机冲压喷气发动机更高一筹，它什么都不需要携带，只要前面有一个巨大的漏斗形采集器，把宇宙中的氢搜集起来，然后让它进行核聚变反应，聚变反应产生温度高达一亿度的等离子体，让它高速喷出，就可获得推力。

　　像飞机冲压发动机一样，星际冲压发动机也必须具有较高的初始速度，才能有效地采集宇宙空间中的氢，而且最好让星际冲压飞船不断地加速，这一方面是为了加速飞行，另一方面根据爱因斯坦的相对论，随着速度的增加，飞船质量会增大，加速更困难，需要采集更多的氢，让更多的氢核聚变，才能保持同样的加速度。

　　那么，采用多大的加速度合适呢？

　　我们人类在地球表面上生活，承受着 1g 的重力，当然以 1g 加速最

合适。这样，人在飞船上就像在地球表面上一样，既不会有超重，也不会有失重带来的影响。

如果我们到非常类似太阳的星球波江座 ε 星（天苑四）或金鱼座 τ 星（天苍五）的行星上去旅行，由于它们分别距我们 10.8 和 11.8 光年，在 5.4 或 5.9 光年距离以前，即在中点以前让飞船以 1g 加速飞行，到中点后，让飞船调转 180 度，这样，飞船就以 1g 减速，到达目的地后，正好可以低速软着陆。如果到相距约 3 万光年的银河系中心去，根据相对论的速度效应，10 年后可到中点，这时减速，再过 10 年就可到达，返回时同样需要 20 年。但地球上需要 6 万年才能看到飞船归来。

如果我们是到宇宙中去观光，不需要在某个目的地降落，则可让飞船一直加速下去。这样，5 年可以飞过 84 光年的距离，经过好几千个星球；12 年飞出银河系，14 年飞过距我们 230 万光年的仙女座星系，15 年飞出银河系所在的本星系群，18 年飞过距我们 6000 万光年的室女座的大星系团，20 年多一点时间可飞过 100 亿光年的距离。如果宇宙是圆球形的，周长为 900 亿光年，则飞船已经绕过了宇宙的 1/9 圈。由于飞船的速度已非常接近光速，时间已近乎停滞，飞过剩下的 8/9 圈，回到出发地地球，只要 1～2 年的时间，不过，地球上的时间已过了 900 亿年。我们现在探知太阳的寿命还有约 50 亿年，900 亿年后飞船飞过出发地，也只有凌空对太阳—地球进行凭吊了。

开发黑洞

黑洞的巨大引力，能吞食包括光线在内的一切物质，它是一个可怕的死亡了的恒星，怎么还能开发呢？

任何事物都有两重性，黑洞的巨大引力和能量，正是我们可以利用的对象。

用黑洞望远镜观测宇宙

爱因斯坦在广义相对论中指出，一个恒星或星系发出的光线，通过另一个引力强大的天体时，会发生弯曲，如果从这两个天体很远的正前方看去，在中间那个天体的周围，有日全食一样

宇宙飞船飞向黑洞的深空

的光环，或形成后面那个天体的两个或四个影像，这叫"万有引力幻景"或"爱因斯坦环"、"爱因斯坦十字"。由于中间那个引力强大的天体，起着透镜作用，所以又叫"引力透镜效应"。"哈勃号"太空望远镜利用引力透镜效应，曾经拍摄到80亿光年外的一个类星体的四个影像。

黑洞是最好的引力透镜。用黑洞做透镜的望远镜，可以对宇宙尽头的星系和类星体进行观测。因为黑洞的强大引力，可以极大地增强遥远星系和类星体十分暗淡的光线。

利用黑洞望远镜，还可以探查宇宙的大小。因为出现黑洞引力透镜效应的几率越高，就是星系和黑洞的数目越多，宇宙越大。根据黑洞引力透镜效应的几率，就可获得宇宙大小的资料。

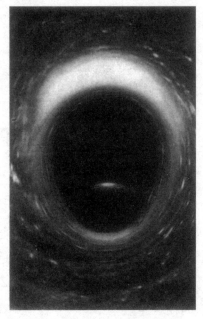

黑洞

建设黑洞城市　黑洞是由奇异点和周围的事象地平面组成的。大部分黑洞是旋转的，它带动周围空间以极高的速度旋转，在事象地平面外侧形成能量极高的贮能区。任何物质进入贮能区，只能顺着黑洞的旋转方向运动，在环绕几圈后，还可以脱离。

像人造地球卫星一样，只要围绕黑洞运行物体的离心惯性与黑洞对它的引力相等，这个物体就可以绕黑洞运行，而不会被黑洞吞食。利用这个原理，我们就可以在黑洞周围建一座环形城市。这座城市所需要的能源可以从黑洞获得。办法是，将工业废弃物和生活垃圾逆旋转方向放入黑洞的贮能区，同时顺旋转方向放入回收容器。垃圾在旋转中被一分为二，一部分被吸进黑洞，另一部分获得更大的能量后被装在容器中回到贮能区外，以提供黑洞城市需要的能源。这种方法，既处理了城市的垃圾，又获得了维系城市的能源，一举两得。当然，根据能量守恒定律，黑洞的能量会慢慢减少，城市最终需要搬家。不过，那是一段很长很长的时间。

如果在旋转黑洞周围造成一个磁场，那么，旋转黑洞就成了发电机

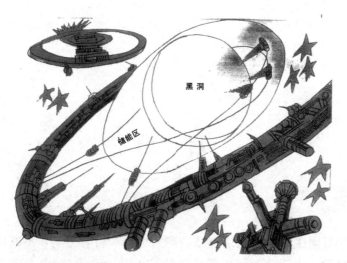

开发黑洞

的转子，它与外部磁场（定子）之间就会感生电流。这样我们就制造了一台巨大的黑洞发电机，可以向外输送强大的电流。

利用黑洞的巨大能量，还可建造一台黑洞激光发生器。

后　记

　　人类自诞生以来，凭借自己的聪慧大脑和特有劳动，不断认识和掌握自然规律，将活动领域逐渐从陆地扩大到海洋（航海），到大气层空间（航空），40多年前，又扩展到广阔无垠的宇宙空间。每一次活动领域的扩大，都是科学技术发展的结果，而每一次活动领域扩大的结果，是人类生活质量的提高。

　　40年前，打越洋电话是奢侈而困难的事，而现在，一个小小的"大哥大"，可以使你在野外散步时，在火车、汽车上行进时，与全球任何地方通话；坐在家里可以欣赏到地球另一边的精彩球赛实况；边远地区的人们，可以听城里著名教师的讲课，可以请那里的高明医生会诊疾病。人造地球卫星可以帮你指挥陆地、海洋和空中的交通，为你报警防盗，为你监视森林病虫害和火灾，为你管理农田水利和预报产量收成；为你放牧牛羊，为你预报渔汛，为你探矿考古，为你准确地预报天气，为海难、空难遇险者及时伸出救援之手。航天器具有的特有环境条件，可以高效率、高质量地生产地面上不能生产的昂贵药物以对付威胁人类的疾病，可以进行地面上无法进行的科学实验和研究，生产地面上难以生产的工业产品，更有效地监护我们的地球，更好地进行天文探测、宇宙研究和寻找人类的知音。

　　40年，只不过是宇宙航行时代的起步。我们的主要活动范围，还只是地球附近的宇宙空间，而太阳系只是银河系的几千亿分之一，银河系又只是整个宇宙的几千亿分之一。航天工程开创的人类第四活动领域是多么的宽广，可以想见，它将给人类带来多么美好的生活前景！

　　本书的"历史篇"和"名人篇"旨在使读者了解到我们的先人如何通过艰辛的、卓有成效的创造性劳动，将一个个"必然王国"，变成"自由王国"；"技术篇"通俗地介绍了航天工程的各个方面，使读者较系统全面地了解什么是航天工程；"实践篇"力图阐述用简单的材料和设备，就可兴味盎然地去体会尖端的航天技术；"未来篇"则揭开令人向往的宇宙航行高级阶段的神秘面纱。然而，蓬勃发展、欣欣向荣的航天技术，是一门综合性的尖端高技术，涉及的技术面非常广，几乎包罗了现代科学技术的所有领域，本书挂一漏万，远不足以全面展示航天工程技术的内涵，谨期抛砖引玉对少年读者有所裨益。

　　本人多年从事《航天》杂志的编辑工作，得以启迪思维和获取信息。在此应对《航天》的众多作者表示衷心的感谢，并对那些大力支持、积极帮助我的挚友同仁表示衷心的感谢。

李龙臣

1999 年 3 月于北京